Chocolate Masterclass

초콜릿 마스터클래스

Chocolate Masterclass

초콜릿 마스터클래스

이론에서 공정까지 한 권으로 끝내는 초콜릿 교과서

정영택·윤희령 지음

BnCworld

한계가 없는 초콜릿의 세계

초콜릿만큼 사람들에게 기대와 흥분, 행복감을 주는 단어가 있을까요?

이번 초콜릿 책을 준비하며 제 인생의 대부분을 차지한 초콜릿을 다시 한번 생각하게 되었습니다. 제과 분야에 입문한 지 어느덧 25년. 대부분의 시간을 설탕과 초콜릿에 매달려 살며 수없이 많은 달콤한 경험을 했습니다.

처음 초콜릿을 시작했을 때만 해도 초콜릿은 비싼 가격과 치아 건강에 안 좋다는 부정적인 인식이 더 높았습니다. 고백하자면 저 또한 그런 인식을 가진 사람 중 하나였습니다. 하지만 초콜릿의 매력에 빠져 들면서 제 인생은 큰 전환점을 맞이하게 되었습니다.

사실 호텔에서 파티시에로 일할 당시, 일로서 처음 초콜릿을 만나게 되었지만 초콜릿을 만지고 녹이고 짜고 섞으면서 말로 설명할 수 없는 그만의 매력에 흠뻑 빠지게 되었습니다. 손으로 친밀감을 쌓게 된 초콜릿은 저를 더 큰 세계로 끌어 당겼습니다. 특히 초콜릿 쇼피스는 단순한 음식이 아니라 하나의 예술 작품으로 느껴졌으며, 한계를 알 수 없는 초콜릿의 세계가 더욱 저를 흥분시키고 계속해서 도전하게 만들었습니다. 이 마음은 아직도 변치 않고 있습니다.

현재 거의 모든 초콜릿의 소비는 유럽과 미국에서 이루어지고 있습니다. 현재 한국의 일인당 초콜릿 소비량은 미국의 1/4, 스위스의 1/10 수준입니다. 또한 초콜릿 시장 규모는 일본의 10%(프리미엄 초콜릿 시장은 일본의 2%)로 추산되고 있습니다. 중국 시장은 연 12%라는 무서운 성장률을 보이고 있으며, 현재 일인당 소비가 200g으로 선진국 소비량을 훨씬 밑돌고 있지만 소비가 1kg에 달할 경우 세계 최대의 초콜릿 소비잠재시장으로 떠오를 수 있다고 합니다. 이에 비해 한국의 초콜릿 시장은 아직 규모가 작지만 그 성장 가능성이 매우 높다고 생각합니다.

2005년 초콜릿 아카데미를 시작하며 학생들에게 많은 질문을 받았습니다. 과연 지금 초콜릿을 시작했을 때 얼마나 비전이 있는지, 취업은 할 수 있는지, 비즈니스를 어떻게 할 수 있는지에 대한 것들이 대부분이었습니다. 당시 초콜릿의 비전을 확신하고 있었지만 그에 대한 설명은 미흡할 수 밖에 없었습니다. 이를 위해 직접 초콜릿 사업에 뛰어들게 되었고, 공식적으로 1대 초콜릿마스터라는 인증도 받을 수 있게 되었습니다. 또한 한국 초콜릿 국가대표 선수로 파리에서 열리는 월드 초콜릿 마스터즈 대회도 참가하게 되었습니다. 2013년 10월에는 한국 쇼콜라티에로는 최초로 프랑스 살롱 뒤 쇼콜라 행사장에서 세계의 초콜릿 거장들과 함께 무대에 서는 영광도 얻게 되었습니다. 이 모든 행복한 일들이 초콜릿이 저에게 가져다 준 선물입니다.

　이처럼 제 인생에 너무나도 큰 선물을 안겨준 초콜릿에 대한 사랑을 이 책을 통해 많은 사람들과 나누고 싶었습니다. 이 책은 그 동안 제가 초콜릿을 다루면서 느끼고 배우게 된 모든 부분을 담고 있으며, 특히 쇼콜라티에가 되기 위한 필수적인 부분들을 다루고 있습니다. 보다 많은 사람들이 이 책을 통해 초콜릿에 대한 관심과 사랑이 더욱 깊어지고 쇼콜라티에를 꿈꾸는 이들에게 큰 도움이 되길 바랍니다.

　앞으로 초콜릿 시장은 더욱 발전할 것입니다. 그때 여러분들이 주인공이 되기를 진심으로 기원합니다.

CHOCOLATE
CONTENTS

Chapter 01 인트로

Chapter 02 가나슈

크림 가나슈

버터 가나슈

논필링가나슈

chapter 01

/

INTRO
인트로

초콜릿의 기초 지식
·
초콜릿의 기초 작업
·
봉봉의 기초 작업
·
봉봉의 기본 재료
·
도구와 재료

초콜릿의 기초지식

초콜릿의 역사

초콜릿의 기원은 온두라스의 푸에르토 에스콘디도 지방에서 초콜릿 잔여물이 든 토기가 발견된 것을 근거로 하여 약 B.C 1400년경으로 추정된다. 현대와 같은 초콜릿 가공 기술이 없었던 고대에는 카카오의 과육을 그대로 먹거나 밀대로 으깨어 먹거나 발효시켜 물에 타서 바닐라, 칠레 고추, 과일 혹은 꿀과 섞어 마셨다고 전해진다. 멕시코의 올맥족, 마야족 그리고 아즈텍 문명에서 카카오는 '신들의 열매'로 불리며 황제에게 진상되었고, 매우 귀한 음식으로 왕족과 귀족들만이 먹을 수 있었다. 이 귀한 카카오 빈은 높은 영양가와 원기회복의 효능을 가진 음료이며, 화폐의 용도로 사용되어 가축, 농작물, 노예 등의 거래뿐만 아니라 세금, 공물로도 이용되었다.

초콜릿이 유럽에 알려지기 시작한 것은 콜럼버스가 15세기말 유카탄 반도 탐험에서 원주민에게 약탈한 카카오빈을 가지고 돌아가면서부터이다. 초콜릿은 스페인 왕족과 귀족들 사이에서 큰 인기를 얻었고, 국가가 독점적으로 카카오 사업을 벌여 재정을 확충하였다. 그러던 중 스페인 어선이 네덜란드 해적선에 의해 탈취되면서 카카오가 네덜란드에 전파되었고, 이탈리아와 프랑스에도 전해지는 등 유럽 전역으로 초콜릿의 인기가 확산되기 시작하였다.

그 후 1828년 네덜란드 암스테르담의 화학자인 반호텐(Coenraad Vanhouten)이 카카오 리커에서 카카오버터를 제거하는 기술을 개발함으로써 분말 형태의 초콜릿과 고체 형태의 초콜릿 제조가 가능하게 되었다. 스위스에서는 1876년 다니엘 피터(Daniel Peter)에 의해 밀크초콜릿이 개발되었고 처음으로 초콜릿에 헤이즐넛이 첨가되었다.

카카오 품종 및 원산지

초콜릿의 원료인 카카오빈(Cacao Bean)은 그 원산지와 품종에 따라 특성이 달라지며, 이 차이가 커버추어의 특성을 다르게 하는 주된 요인이다. 카카오는 쌍떡잎 식물 아욱목(―目, Malvales) 벽오동나무과(碧梧桐科, Sterculiaceae)의 교목으로 중앙 아메리카의 열대 우림이 원산지이다. 주요 재배지는 적도를 기준으로 남북위 20도 이내의 연평균 27℃ 이상 되는 고온 다습한 지방이다. 카메룬, 가나, 코트디부아르, 나이지리아 등의 서아프리카 지역과 콜롬비아, 베네수엘라, 트리니다드 토바고, 에콰도르, 페루 등의 중남미 지역 그리고 스리랑카, 말레이시아, 인도네시아, 파푸아뉴기니와 같은 동남아시아 지역이 대표적인 카카오 재배지다.

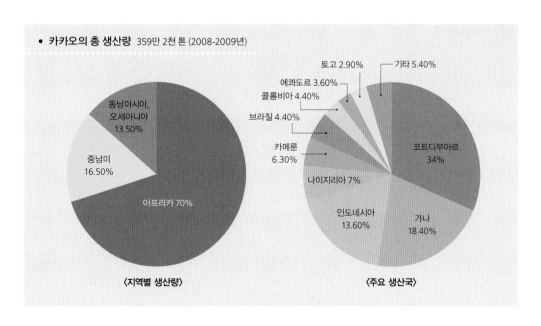

- 카카오의 총 생산량 359만 2천 톤 (2008-2009년)

동남아시아, 오세아니아 13.50%
중남미 16.50%
아프리카 70%

〈지역별 생산량〉

토고 2.90%
기타 5.40%
에콰도르 3.60%
콜롬비아 4.40%
브라질 4.40%
카메룬 6.30%
나이지리아 7%
코트디부아르 34%
인도네시아 13.60%
가나 18.40%

〈주요 생산국〉

┃ 카카오의 주요 품종 ┃

• 크리올로 Criollo

전체 생산량의 1% 이하로 병충해에 약하고 재배가 까다로운 품종이다. 중앙아메리카, 멕시코 서부, 베네수엘라가 원산지이고 현재는 멕시코, 베네수엘라 등지에서 생산되고 있다. 카보스*는 노란색, 혹은 주황색으로 표면에 깊은 골이 있으며 쓴맛이 적고 향이 강한 것이 특징이다.

* 카보스 : 카카오나무의 열매

• 포라스테로 Forastero

전체 생산량 90%의 원산지는 남아메리카의 아마존 일대이다. 카보스의 크기가 비교적 큰 편이며, 병충해에 강하지만 맛이 쓰고 향도 좋지 않기 때문에 최하위 등급의 종이라고 볼 수 있다.

• 트리니타리오 Trinitario

트리니다드 토바고가 원산지이며, 크리올로 종과 포라스테로 종을 교배시킨 종이다. 두 품종의 중간적인 특성을 지니고 있고, 품질은 양호한 편이다. 마다가스카르, 트리니다드 토바고, 베네수엘라 등의 중남미에서 재배되며 주로 블렌딩해서 쓰이고 있다.

카카오의 수확에서 초콜릿까지 Bean to Bar

　카카오가 재배되는 지역은 커피가 재배되는 커피벨트와 상당 부분(남북위 20도)이 겹치며, 가공하는 과정에서도 커피나 와인과 흡사한 점이 많다. 초콜릿, 커피, 와인 모두 수확한 다음 발효과정을 거쳐야 하고 몇 가지의 첨가물만 사용하여 생산된다. 소량의 첨가물로부터 무수히 많은 종류의 제품들이 만들어지는데 그 모양, 향기, 특성이 가지각색이다. 그로 인해 완성된 제품의 질은 대부분 만드는 사람의 기술에 의해 좌우된다.

수확 Harvest

　와인 제조자와 달리 초콜릿 제조자는 대부분 재배, 수확, 발효에 해당하는 원산지에서의 품질관리 권한을 갖지 못한다. 그 이유는 전 세계 대다수 카카오 농장의 카카오 재배 시스템이 거대 플랜테이션에서 이루어지는 것이 아니라, 개인이나 가족이 소유한 넓지 않은 땅에서 이루어지기 때문이다. 좋은 초콜릿을 만들기 위해서는 고품질의 카카오빈을 이용해야 하는데, 카카오빈의 품질은 '발효'와 '건조' 단계에서 어떻게 관리하는지에 따라 결정된다. 때문에 원산지 품질관리의 권한이 없는 초콜릿 제조자가 실제로 할 수 있는 일은 도착한 카카오빈을 평가하여 그것을 구입할지, 구입하지 않을지 결정하는 것밖에 없다.

발효 Fermentation

　수확한 카보스(카카오 열매)는 카카오빈과 과육 부분을 별도로 발라내어 나무 상자에 넣거나 바나나 나뭇잎으로 싸서 발효시킨다. 발효 기간은 원산지의 기후나 습도에 따라 달라지지만 평균적으로 1주일 전후이다. 발효는 카카오빈의 살아 있는 배아를 죽여서 발아를 막는 과정으로, 이 기간 동안 초콜릿 특유의 향 성분이 생겨난다. 이 향 성분은 카카오빈을 로스팅할 때 한층 더 깊어진다. 그리고 또 다른 중요한 목적은 발효 기간 동안 일어나는 빈 자체의 변화이다. 발효하는 동안 빈 안에 있던 폴리페놀, 단백질, 다당류 같은 복잡한 화합물이 더 작은 화합물로 쪼개져서 쓴맛과 떫은맛이 줄어들고, 색도 갈변한다. 적절한 발효는 카카오빈 퀄리티에 중요한 역할을 하기 때문에 초콜릿 제조과정 중 아주 중요한 과정이다. 발효되지 않은 카카오빈은 향 성분을 가지고 있지 않기 때문에 로스팅을 해도 제대로 된 초

콜릿 향을 낼 수 없다. 반대로 과발효된 카카오빈은 품질이 저하되거나 카카오빈 자체를 망가트리기도 한다. 발효에 영향을 미치는 요인으로는 이스트, 무산소 박테리아, 산소 박테리아 등 아주 복잡하고 다양한 효소가 관련되기 때문에 그 과정 전체를 이해하기는 어렵다. 하지만 초콜릿이 만들어지는 과정에서 발효가 갖는 중요성은 두말 할 필요 없다.

건조 Drying

발효가 끝나면 바로 건조를 시작하는데, 이는 배에 싣거나 보관할 때 안정적인 상태로 만들기 위함이다. 카카오빈 내부의 수분이 대략 8% 이하로 건조되지 않으면 곰팡이가 생기기 쉬운데, 이는 카카오빈의 퀄리티를 현저하게 저하시킬 수 있다. 건조 방법으로는 태양 볕에 널어서 말리거나 불이나 열기 등을 이용하는 방법이 있다. 건조를 마친 카카오빈은 재배지에서 여러 가지 불순물들을 포함한 채 오기 때문에 가공을 하기 전에 세척을 해야 한다. 세척은 몇 단계로 나뉘어지는데, 먼저 체와 자석을 이용하여 돌과 금속을 제거하고 그 다음 먼지를 제거한다.

로스팅 Roasting

로스팅을 하는 가장 큰 이유는 향이 나게 하는 데 있다. 또한 로스팅이 되지 않은 빈은 단단하기 때문에 다음 단계의 가공 과정에서 잘 부숴지지 않는다. 다만 과도한 로스팅은 오히려 향을 잃게 만들 수 있으므로 주의해야 한다. 로스팅이 끝난 카카오빈은 초콜릿 향을 갖게 되는데, 아직 이 과정까지는 발효의 부산물인 휘발성 산(acid) 때문에 시큼한 향이 난다.

미분 Micronizing

미분은 카카오빈을 가루 형태로 빻는 것을 말하며, 카카오빈은 카카오 셸(Cacao shell)과 카카오닙(Cacao nib)으로 구성된다. 껍질 부분에 해당하는 가벼운 카카오 셸은 바람을 일으키는 장치로 날려보내서 제거하고, 무거운 카카오닙만을 남겨 다음 가공 단계로 보내게 된다. 미국 FDA(Food and Drug Administration 미 식품의약국)에서는 초콜릿 리커*에 함유되는 카카오 셸은 1.75% 이상을 넘어서는 안 된다고 규정하고 있다. 또한 카카오셸의 잔여물이 많이 남아있을 경우 초콜릿의 향을 떨어뜨릴 위험이 있기 때문에 최대한 많은 껍질을 제거하는 것이 중요하다. * 초콜릿 리커 : p.16 참조

그라인딩 Grinding

잘게 부순 카카오닙을 흐름성 있는 초콜릿 리커 상태로 만드는 과정이다.

압착 Pressing

초콜릿 리커에 압력을 가해서 지방 성분인 카카오버터와 고형분인 카카오매스를 나누는 과정이다. 카카오매스를 체질하면 코코아 파우더가 된다.

혼합 Mixing

믹싱은 초콜릿을 만들기 위해 재료들을 일정한 배합으로 섞는 것으로 초콜릿 리커, 설탕, 카카오버터, 바닐라, 레시틴(유화제), 분유 등을 하나의 균질화된 덩어리로 만드는 과정을 말한다.

정제 Refining

정제과정은 초콜릿 입자의 크기를 줄이는 필수적인 단계이다. 일반적으로 입 안에서 가장 좋은 촉감을 느낄 수 있는 초콜릿 입자의 크기는 15~20μ이다.

콘칭 Conching

콘칭은 정제된 초콜릿을 일정한 온도의 탱크 안에서 지속적으로 저어주는 과정이다. 이전까지의 과정을 통해 초콜릿 향이 강해지고 여러 재료들이 혼합되었으며, 입자의 크기도 줄어든 상태이다. 하지만 아직 카카오빈의 발효과정에서 생겨난 휘발성 산을 함유하고 있어 시큼한 향이 나고 흐름성도 좋지 않아 우리가 알고 있는 초콜릿과는 상당한 거리가 있다. 콘칭 과정을 통해 오랜 시간 끊임없이 저어주며 열과 산소에 노출시키는 동안 휘발성 산과 여분의 수분들이 증발되고 초콜릿의 흐름성이 향상된다. 다크 초콜릿의 콘칭은 일반적으로 대략 70℃의 온도에서 24~96 시간이 소요된다. 이 과정에서 초콜릿에 존재하는 모든 입자들이 카카오버터로 코팅되어 점도가 증가하고 작업성이 향상된다.

템퍼링 Tempering

템퍼링은 초콜릿을 필요에 맞게 원하는 형태로 재성형하기 위해서 반드시 필요한 과정이다. 녹아 있는 초콜릿의 온도를 내려 결정화하고 다시 온도를 올려 초콜릿을 안정적인 상태로 만든다. 템퍼링 과정을 제대로 지켜 주지 않으면 블룸현상*이 생길 수 있다.　* 블룸 : p.22 참조

초콜릿의 구성 성분 및 종류

초콜릿 회사들은 그들만의 특색 있는 초콜릿을 만들기 위해 원료의 선별부터 배합, 생산 공정에 이르기까지 심혈을 기울이고 있다. 초콜릿은 코코아 파우더, 카카오버터, 레시틴, 분유를 어떠한 배합으로 첨가하느냐에 따라 맛의 특징이 결정된다. 또한 이러한 배합은 맛과 향뿐만 아니라 작업성에도 크게 영향을 미친다. 그렇기 때문에 자신이 추구하는 맛과 작업 목적에 따라 재료를 선별하는 것이 아주 중요하다.

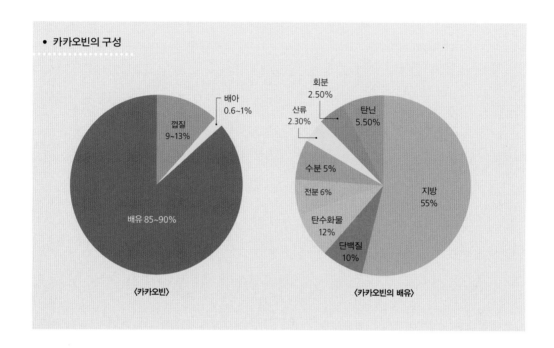

카카오닙 Cacao Nib

로스팅이 끝난 카카오빈을 작게 분쇄해 놓은 것을 말한다. 설탕이 첨가되어있지 않기 때문에 카카오빈 본래의 풍미를 지니고 있다. 초콜릿을 응용하는 제품에서 풍미를 강하게 하거나 특별한 식감을 표현하고 싶을 때 사용한다.

초콜릿 리커 Chocolate Liquor

로스팅한 카카오빈에 설탕을 첨가하지 않은 채 카카오닙보다 더 곱게 간 상태를 말한다. 카카오빈의 약 55% 정도는 지방으로 구성되어 있는데, 이 지방을 그라인더로 갈면 세포벽이 파괴되면서 걸쭉한 페이스트 상태 즉, 초콜릿 리커가 된다. 초콜릿 리커는 카카오고형분과 카카오버터로 구성되어 있으며, 이 둘을 분리한 다음 만들고자 하는 초콜릿의 성격에 따라 적절한 비율로 다시 배합해서 사용한다.

카카오버터 Cacao Butter

초콜릿 리커를 압축해서 추출한 지방 성분을 말한다. 카카오버터는 그 자체의 향은 없지만 초콜릿이 녹을 때 점도를 낮추는 기능을 한다. 또한 녹는점이 사람 체온보다 약간 낮기 때문에 초콜릿은 입안으로 들어가기 전까지 단단한 상태로 있다가 입 안에서 서서히 녹는다. 그리고 카카오버터는 결정화되었을 때 수축하는 성질이 있기 때문에 몰드 작업 시 틀에서 쉽게 뺄 수 있다. 카카오버터는 초콜릿의 원료 중 가장 비싸며 템퍼링 작업이 필요한 이유도 카카오버터 때문이다.

코코아 파우더 Cocoa Powder

초콜릿 리커에서 카카오버터를 추출한 후 남아있는 고형물질을 분쇄한 것을 말한다. 코코아 파우더 에도 지방 성분이 11~24% 정도 남아있다. 이 코코아 파우더의 함량에 따라 다크초콜릿, 밀크초콜릿, 화이트초콜릿으로 구분한다.

| 카카오닙 | 초콜릿매스 | 카카오버터 | 코코아파우더 |

커버추어 Couverture

초콜릿 작업에서 사용할 기본 재료가 되는 초콜릿을 말한다. 카카오매스에 카카오버터를 첨가했기 때문에 녹았을 때 흐름성이 좋고 매끈한 것이 특징이다. WHO(World Health Organisation, 세계보건기구)와 FAO(Food and Agricultural Organisation of the United Nations, 국제연합식량농업기구) 등 국제 기구의 지침에 따라 최소 코코아 파우더 35%, 카카오버터 31% 이상을 함유하고 있어야 커버추어라고 할 수 있다. 코코아 파우더와 카카오버터를 기본으로 당분, 착향료, 분유, 레시틴 등이 첨가된다. 커버추어는 그 구성 성분에 따라 다크초콜릿, 밀크초콜릿, 화이트초콜릿으로 나눠진다.

● 다크초콜릿 Dark chocolate [주재료 : 카카오매스 + 카카오버터 + 설탕]

카카오매스의 함유량이 높은 커버추어다. 설탕이 첨가되어 있어 '스위트 초콜릿(Sweet chocolate)'이라 부르기도 한다. 카카오매스의 함유량이 높아질수록 카카오버터도 많이 함유되고, 상대적으로 설탕은 적게 들어가게 되어 쓴맛이 높아진다. 초콜릿 회사마다 다르기는 하지만 카카오매스 55~80% 정도가 함유되어 있는 것이 일반적이다.

- 밀크초콜릿 Milk chocolate [주재료 : 카카오매스 + 카카오버터 + 설탕 + 분유]

  카카오매스의 함유량이 다크초콜릿보다 낮고, 분유 성분이 첨가되어 부드러운 맛과 식감을 갖는 커버추어다. 카카오매스의 함유량은 31~38% 정도이다.

- 화이트초콜릿 White chocolate [주재료 : 카카오버터 + 설탕 + 분유]

  카카오매스가 들어있지 않아 아이보리색을 띤다. 화이트초콜릿은 기본적으로는 초콜릿 본래의 풍미는 없다고 할 수 있으며 카카오버터를 30% 정도 함유하고 있다.

- 대표적인 회사들의 커버추어 제품

벨코라도 Belcolado	원산지 : 벨기에
	다크 셀렉션 • 특징 : 쓴맛, 신맛, 단맛이 완벽한 조화를 이루는 다크 커버추어 초콜릿. 달콤한 풍미와 부드러운 식감이 특징이다. • 성분 : 카카오매스 45.8%, 카카오버터 9.9%, 설탕, 레시틴, 천연바닐라 향
	밀크 셀렉션 • 특징 : 양질의 밀크 풍미와 카카오의 향을 느낄 수 있는 밀크 커버추어 초콜릿. 다년간의 연구를 통해 밀크의 맛과 쓴맛, 단맛의 조화가 뛰어나다. • 성분 : 카카오매스 10.9%, 전지분유 21.8%, 설탕, 카카오버터 24.7%, 레시틴, 천연바닐라 향
	화이트 셀렉션 • 특징 : 선별된 밀크와 고품질의 카카오버터가 만들어 낸 섬세하고 기품있는 화이트 커버추어 초콜릿. • 성분 : 전지분유 25%, 설탕, 카카오버터 30%, 레시틴, 천연바닐라 향

발로나 Valrhona	원산지 : 프랑스
	둘세 • 특징 : 약간의 소금기가 느껴지는 최초의 블론드 초콜릿. 초콜릿 향이 진하면서 달지 않고 맛이 서서히 전해지는 것이 특징이다. 가나슈의 재료와 몰딩용으로 적당하며 커피, 헤이즐넛, 캐러멜 그리고 망고, 바나나, 살구 등과 같이 개성 넘치는 재료들과 잘 어울린다. • 성분 : 카카오버터 32%, 설탕 29%, 전지분유16.2%, 우유32% 레시틴, 천연바닐라 향
	지바라 락테 • 특징 : 에콰도르 빈으로만 만든 그랑크뤼 밀크초콜릿. 케인슈거, 몰트를 넣어 부드럽고 달콤한 것이 특징이다. 캐러멜, 우유, 카카오 맛이 강한 최고급 밀크초콜릿이며, 부드럽고 풍부한 카카오 맛에 이어 바닐라와 맥아의 풍미가 완벽한 조화를 이룬다. • 성분 : 카카오매스 14%, 카카오버터 27%, 전지분유 23.5%, 설탕, 레시틴, 천연바닐라 향, 보리맥아 추출물

이보아르

- 특징 : 최고 품질의 카카오빈에 우유, 설탕을 첨가해 부드러운 초콜릿. 카카오버터와 천연 바닐라를 악센트로 첨가해 향기가 두드러지는 것이 특징이다. 카카오 함량이 35%로 달지 않고, 밀크와 설탕의 조화가 뛰어나며 풍미가 독특하다. 조직감과 작업성 또한 훌륭하다.
- 성분 : 카카오버터 35%, 설탕43%, 전지분유(우유)21.45% 레시틴, 천연바닐라 향

과하나 70%

- 특징 : 카카오 함량이 높은 농축 초콜릿. 쓴맛과 함께 신맛이 강하게 느껴지지만 그 뒤에 입 안에 퍼지는 초콜릿 맛과 향에 감탄이 나온다. 조금만 사용해도 사람을 매혹시킨다는 말이 있을 정도로 초콜릿의 맛과 향이 깊기 때문에, 일반 초콜릿 레시피의 초콜릿 사용량보다 훨씬 적게 넣어 사용해야 한다.
- 성분 : 카카오매스 46%, 카카오버터34%, 설탕, 레시틴, 천연바닐라 향.

펠클린 Felchlin

다크 펠코

- 특징 : 카카오버터의 풍미가 입 안에서 향긋하게 도는 쌉쌀한 초콜릿. 카카오 함량 52%로 향이 깊고 진하며 벨코라도에 비해 상대적으로 덜 달고 부드럽다. 모든 초콜릿 레시피에 사용할 수 있으며 그냥 먹어도 그 맛과 향이 다른 초콜릿에 비해 탁월하다.
- 성분 : 카카오매스 36.2%, 카카오버터 16.11%, 설탕, 레시틴, 천연바닐라 향

밀크 암브라

- 특징 : 국내 일부 마니아층이 형성될 정도로 인기 있는 제품이다. 벨코라도 초콜릿에 비해 상대적으로 덜 달고 부드러운 맛이 난다.
- 성분 : 카카오매스 10%, 카카오버터 25.42%, 설탕, 전지분유, 탈지분유, 레시틴, 천연바닐라 향

화이트 에델바이스

- 특징 : 스위스 우유로 만들어진 정통 스위스 화이트 초콜릿으로 다른 유럽산 제품과는 차별화된 풍부한 우유 맛을 낸다.
  - 빈원산지 : 가나   - 제조국 : 스위스
  - 카카오 함량 : 36%   - 빈 종류 : 가나 포레스테로   - 공급형태 : 론도

설탕 Sugar

설탕은 다크초콜릿에 카카오매스 다음으로 많이 함유되어 있는 재료로 밀크초콜릿과 화이트초콜릿에서도 중요한 역할을 한다. 설탕의 일차적인 목적은 카카오에 단맛을 주는 것인데, 많은 형태의 당 중에서도 사탕수수에서 나온 자당을 가장 널리 사용하고 있다.

분유 Milk Solids

화이트초콜릿과 밀크초콜릿을 제조할 때 필요한 재료로 크림 같은 부드러운 향을 갖고 있다. 분유는 초콜릿을 템퍼링 할 때 카카오버터의 결정화를 지연시키는 성질이 있기 때문에 밀크초콜릿이나 화이트초콜릿을 작업하는 경우, 다크초콜릿보다 상대적으로 낮은 온도에서 다루어야 한다.

착향료 Flavoring

가장 보편적으로 사용되는 착향료는 바닐라빈이나 바닐린이다. 사용하는 종류에 따라 카카오의 쓴맛을 보완해주고 초콜릿 향을 좀 더 진하게 만들어 준다. 이외에도 스파이스나 견과류, 소금 등의 착향료가 사용이 되기도 한다.

레시틴 Lecithin

대부분의 초콜릿은 소량의 레시틴을 포함하고 있는데, 적정량의 레시틴은 녹아있는 초콜릿의 점도를 낮춰 흐름성을 좋게 만드는 역할을 한다. 그러나 사용량이 전체의 0.3% 이상을 넘게 되면 점도가 다시 높아지기 때문에 주의해야 한다.

초콜릿의 영양 성분 및 건강과의 관계

초콜릿이 건강에 이롭다는 주장은 인터넷이나 서적을 통해서도 쉽게 찾아볼 수 있다. 초콜릿을 먹으면 뇌에서 엔도르핀이 생성되고 사랑할 때의 감정처럼 고통을 줄여주며 심장병과 암의 위험을 낮추고 치아 건강에 좋으며 최음제나 정력제와 같은 효과가 있다는 등의 주장이 있다. 하지만 실제로 이러한 주장들은 그 진위여부가 불확실한 경우가 많다. 초콜릿의 좋은 영향에 대한 연구는 대부분 거대 초콜릿 회사들의 지원을 통해 이루어진다. 이러한 면에서 정직한 연구 결과라기보다는 초콜릿 매출을 올리기 위해 의도된 연구 결과라고 의심할 수밖에 없다. 게다가 이러한 연구 결과의 대부분이 매년 밸런타인데이 전후에 많이 발표된다는 점이 그것에 대한 방증이 아닐까 생각한다.

물론 카카오가 카페인, 폴리페놀, 테오브로민, 탄닌, 인지질, 올레인산, 리니그린, 피라진 등과 같은 영양소와 그 이외에도 다양한 복합물을 함유하고 있는 굉장히 복잡한 식품임에는 틀림없다. 그 중에서도 폴리페놀과 같은 경우는 매우 주목받고 있는 영양소로서 카카오뿐만 아니라 녹차, 와인에서도 발견된다. 폴리페놀은 플라보노이드의 일종으로 항산화 작용 능력이 뛰어나 암과 심장병을 예방해 준다. 폴리페놀에 대한 연구에 의하면 꾸준한 카카오 섭취를 통해 혈액 속의 항산화 물질이 증가하고 혈압이 낮아지며 혈액 순환이 개선되어 심혈관계에 좋은 영향을 준다고 한다.

그러나 이런 좋은 성분들은 원재료인 카카오에는 풍부하게 함유되어 있지만 초콜릿이라는 상품으로 가공되는 동안 발효, 로스팅, 더칭 등의 과정에서 거의 파괴되어 버린다. 결과적으로 초콜릿은 카카오의 좋은 성분이 거의 남아있지 않게 된다. 또한 초콜릿에 함유된 우유의 성분이 이런 항산화 물질의 흡수를

저해하기 때문에 밀크초콜릿이나 화이트초콜릿은 건강에 도움을 주는 물질이 거의 없다고 보면 된다.

그러므로 초콜릿을 섭취해 건강에 이로운 성분을 얻고자 한다면 가급적 카카오 함유량이 높은 것을 먹거나 더칭* 과정을 거치지 않은 코코아 파우더를 섭취하는 것이 좋다.

---

* 더칭 (Dutching)

19세기 네덜란드의 반호텐은 카카오빈을 굽기 직전 알칼리 칼륨을 추가할 경우 발효로 인한 카카오의 신맛이 중화된다는 사실을 발견했다. 이로 인해 19세기 말부터 모든 초콜릿 회사들은 초콜릿 제품의 맛과 색상을 개선시키기 위하여 알칼리 처리를 하기 시작했고, 이를 더칭 과정이라 부른다. 더칭 과정을 거치면 카카오의 좋은 성분들이 파괴되기도 하지만, 초콜릿의 수용성이 25% 이상 증대되고 알칼리 처리 전의 초콜릿보다 진한 색의 초콜릿을 제조할 수 있다.

초콜릿 작업 시 주의 사항

초콜릿을 작업할 때는 습기와 과도한 열에 노출되지 않게 해야 하는데, 이 두 가지가 원인이 되어 초콜릿을 망가뜨릴 수 있기 때문이다. 초콜릿은 작은 수분에도 점도가 높아지기 때문에 디핑이나 몰딩 작업을 할 경우 표면이 두꺼워져 제품의 질에 문제가 생길 수 있다. 그러므로 작업을 하기 전 사용할 도구와 테이블 등이 건조한 상태인지 꼭 확인해야 한다. 그리고 밀크초콜릿이나 화이트초콜릿의 분유 성분은 열에 취약하기 때문에 높은 열에 의해 손상이 되지 않게 저어가면서 골고루 녹일 수 있도록 주의해야 한다. 또한 어둡고 서늘한 장소에 보관하고 초콜릿 본연의 향을 잃어버리지 않도록 향이 강한 다른 재료와 함께 두지 않는다.

작업 환경

초콜릿과 관련한 모든 작업은 온도가 조절되고 습도가 낮은 환경에서 이루어져야 하는데, 작업공간의 실내온도는 20℃ 전후반이어야 초콜릿의 결정화를 포함한 전반적인 작업이 무리가 없다. 이 온도보다 높은 조건에서 작업을 하면 결정화가 늦춰지고 낮은 온도라면 작업 중인 초콜릿이 빨리 굳어 점도가 증가하고 제품의 광택과 스냅성이 안 좋아지며 저장하는 동안 블룸* 현상이 나타날 수 있다.

* 블룸 : p.22 참조

보관 방법

초콜릿 자체만으로는 수분이 없기 때문에 저장 시 수분활동에 의한 박테리아나 곰팡이 등에 의해 상하지 않는다. 때문에 다른 재료에 비해 장기간 보관이 가능하지만 열에 의해 지방이 산패하여 향이 변할 수 있으므로 주의한다.

초콜릿의 기초 작업

템퍼링(Tempering)의 필요성과 성분 변화

초콜릿을 필요에 맞게 원하는 형태로 성형하기 위해서는 반드시 템퍼링이라고 하는 과정이 필요하다. 템퍼링을 하는 이유는 초콜릿 안에 함유되어 있는 지방 성분인 카카오버터 때문인데, 초콜릿을 녹인 후 템퍼링을 거치지 않고 그대로 굳히면 카카오버터의 불안정한 결정화로 인해 광택이 없고 수축이 되지 않아 틀에서 빠지지 않는 현상이 생기게 된다. 또 결정적으로 블룸 현상이 일어나게 되어 시각적인 면에서도 마이너스가 되며 입 안에서도 부드럽게 녹지 않는다.

일반적으로 템퍼링의 방법은 4단계로 이루어져 있다.

1단계 초콜릿(커버추어)을 중탕으로 녹여 카카오버터가 기존에 가지고 있던 결정화를 해체시킨다.
2단계 결정화가 신속하게 진행되는 온도로 초콜릿을 식힌다.
3단계 안정적인 결합만이 초콜릿에 남도록 온도를 살짝 올려 초콜릿을 녹인다.
4단계 작업이 진행되는 도중 굳어버리지 않도록 적정한 온도로 유지시킨다.

• 권장 템퍼링 온도

종류	카카오 함량	지방 함량	1차 온도	2차 온도	3차 온도
다크초콜릿	55.5~70.5%	37.1~42.5%	55~58℃	27~28℃	31℃
밀크초콜릿	35.0~40.0%	36.0~36.8%	45~48℃	26~27℃	29℃
화이트초콜릿	35.0%	40.6%	40~45℃	25~26℃	28℃

* 초콜릿의 종류와 제품에 따라 권장온도가 조금씩 다를 수 있으니 작업 전 확인한다.

* 블룸(Bloom)이란?

템퍼링과 저장이 잘못된 초콜릿의 표면에 하얀 줄무늬나 반점이 나타나는 현상을 말한다. 블룸에는 두 가지 종류가 있는데 '팻블룸(Fat Bloom)'과 '슈거블룸(Sugar Bloom)'이 있다.

팻블룸(Fat Bloom)

템퍼링 과정이 잘못 되었을 때 나타나는 현상으로 카카오버터가 제대로 결정화되지 못하고 굳어 표면에 나타나는 현상이다.

슈거블룸(Sugar Bloom)

초콜릿이 습기에 노출되었을 경우, 초콜릿 표면에 있던 설탕 입자들이 녹게 되는데 그 후 습기가 증발하고 하얀 설탕만이 초콜릿의 표면에 남아 무늬가 생기게 되는 현상이다.

사진의 왼쪽부터 슈거블룸 현상이 일어난 초콜릿, 정상적으로 템퍼링된 초콜릿, 팻블룸 현상이 일어난 초콜릿 순이다.

템퍼링 방법

　템퍼링 방법을 선택할 때는 작업환경이나 초콜릿의 양, 작업시간의 여유 등을 고려해 적절한 방법을 선택하면 된다. 예를 들어 수냉법은 적은 양의 초콜릿을 템퍼링할 때 편리하고, 대리석법은 1kg 이상 대량의 초콜릿을 작업할 때 적합한 방법이다. 접종법은 초콜릿 조각을 넣고 녹이면서 초콜릿의 전체적인 온도를 서서히 떨어뜨리는 방법이기 때문에 시간적인 여유가 있을 때 선택해야 한다.

수냉법 Water Bath

　따뜻한 물에서 중탕으로 55℃ 정도로 녹인 초콜릿을 차가운 물로 식혀 결정화시킨다. 이때 초콜릿이 덩어리지지 않도록 주의하며 온도를 점차적으로 내려주는 것이 중요하다. 27~28℃까지 내려가면 다시 따뜻한 물로 옮겨 살짝 재가열하여 30~31℃로 맞춘다. 만약 그 이상으로 온도가 올라가면 다시 차가운 물로 옮겨 식힌다.

70~80℃의 물이 담긴 볼 위에 커버추어 초콜릿을 담은 볼을 올려 55℃까지 중탕하여 녹인다.	7~8℃의 차가운 물이 담긴 볼 위에 초콜릿 볼을 옮긴 다음 밑바닥이 굳지 않도록 균일하게 젓는다.	꾸준히 저어 27~28℃까지 온도를 내린다.	다시 따뜻한 물로 옮겨 초콜릿의 온도를 30~31℃까지 올린다. 만약 온도가 31℃ 이상으로 올라가면 2단계부터 다시 한다.

대리석법 Tabling

　18~20℃ 정도 되는 대리석에서 많은 양의 초콜릿을 빠르게 템퍼링할 수 있는 방법으로, 다른 두 가지 템퍼링 방법에 비해 작업자의 숙련도를 필요로 한다. 초콜릿을 어떻게 결정화시키냐에 따라 초콜릿의 점도가 달라진다. 결정화가 과할 경우 점도의 증가로 인해 작업할 수 있는 시간이 짧아지고 그 반대일 경우 블룸현상 등이 생길 수 있다.

　작업을 시작하기 전에 사용할 대리석에 이물질이나 수분이 없는지 확인한 다음, 녹인 초콜릿의 50~65% 정도를 붓는다. 스패튤러나 스크레이퍼를 이용하여 온도를 떨어뜨리고 초콜릿이 남아있는 볼에 다시 모아서 최종 온도를 맞춰주면 된다.

70~80℃의 물이 담긴 볼 위에 커버추어 초콜릿을 담은 볼을 올려 55℃까지 중탕하여 녹인다.

녹인 전체 초콜릿 양의 2/3를 대리석에 부은 다음 L자 스패튤러를 이용하여 대리석에 넓게 펼쳤다 모으기를 반복한다.

초콜릿의 온도가 28℃까지 떨어지면 초콜릿을 한 곳으로 모은 다음 초콜릿을 다시 볼에 담아 남은 따뜻한 초콜릿 1/3과 잘 섞는다.

볼 안의 초콜릿 온도가 30~31℃가 되면 사용한다. 온도가 높으면 소량의 초콜릿을 대리석에 부어 2번부터 반복하고, 낮으면 중탕 혹은 드라이기를 이용하여 온도를 올린다.

접종법 Seeding / Ensemencement

　　50℃ 이상으로 녹인 초콜릿에 템퍼링된 초콜릿 조각을 첨가해서 결정화시키는 방법이다. 초콜릿 조각들이 녹으면서 전체 초콜릿의 온도가 내려가게 되는데, 29~30℃가 될 때까지 조금씩 초콜릿 조각을 넣으면서 최종온도를 맞춘다. 이때 사용하는 초콜릿 조각은 반드시 템퍼링이 된 것을 사용해야 한다.

70~80℃의 물이 담긴 볼 위에 커버추어 초콜릿을 담은 볼을 올려 45~48℃까지 중탕하여 녹인다.

1의 중탕하여 녹인 초콜릿의 1/3 양의 초콜릿 조각을 넣어 녹인다.

주걱으로 저으며 29~30℃까지 온도를 내린 다음 사용한다.

불완전 녹이기 Incomplete Melting

잘게 부숴놓은 초콜릿 조각들을 80% 정도 녹인 다음 나머지 녹지 않은 20%와 섞으면서 템퍼링하는 방법이다. 주의할 점은 템퍼링된 초콜릿 조각을 사용하여야 하고, 잘게 다져야만 고르게 녹일 수 있다. 또한 녹일 때는 중간중간 저어가며 녹여야 하고, 녹은 초콜릿의 온도가 36℃가 넘지 않도록 해야 한다. 전자레인지나 중탕을 이용하여 초콜릿을 녹이거나 적은 양의 초콜릿을 템퍼링할 경우 사용하면 편리한 방법이다.

중탕이나 전자레인지를 이용하여 전체 초콜릿의 80% 정도를 녹인다. 녹은 초콜릿과 남아있는 초콜릿 조각들이 섞이도록 잘 저어준다. 녹지 않은 초콜릿 조각들이 녹으면서 초콜릿의 온도가 낮아져 적당한 온도가 되면 안정적으로 결정화된다. 초콜릿 조각들을 녹일 때 전부 녹아버렸다면 추가로 초콜릿 조각을 더해주고, 너무 식었거나 녹지 않은 덩어리가 있다면 다시 데워 녹여줘야 한다.

* **템퍼링 확인법**

템퍼링을 마친 초콜릿이라도 작업 전 테스트를 한 다음 사용하는 것이 좋다.

1. 템퍼링한 초콜릿을 필름이나 유산지에 바른 다음 냉장고에 1~2분 정도 넣어둔다.
2. 냉장고에서 꺼내 17~18℃의 실온에서 2~3분간 둔다.
3. 실온에 둔 초콜릿을 살짝 만졌을 때 묻어나지 않아야 하고 완전히 굳은 뒤 초콜릿을 부러뜨렸을 때 강도가 느껴져야 한다.

봉봉의 기초 작업

가나슈(Ganache)

'초콜릿이 들어있는 크림'이라는 의미를 가진 가나슈는 입에 들어갔을 때 바로 녹아내리는 부드러운 식감을 가지고 있다. 가나슈는 특성상 액체 상태의 지방이 녹아 있는 유화액이라고 할 수 있다. 그러므로 가나슈를 제조할 때 가장 유의해야 하는 부분은 지방과 수분이 분리되지 않게 하는 것이다.

기본 가나슈 만드는 법

재료 다크초콜릿 310g, 생크림 125g, 물엿(또는 글루코스시럽) 35g, 버터 15g, 리큐어 30g

냄비에 생크림과 물엿을 함께 넣고 70~80℃까지 가열한다.

녹인 다크초콜릿에 가열한 생크림과 물엿을 3~4회 나눠 넣고 섞는다.

부드러운 상태의 버터를 넣고 골고루 섞는다.

리큐어를 넣고 섞는다.

스탠드믹서를 사용하여 유화시킨다.

OPP시트를 깐 아크릴 몰드에 가나슈를 채운 다음 스패튤러로 윗면을 정리한다.

＊ 가나슈가 분리되는 이유

가나슈가 분리되는 주된 이유는 두 가지인데, 지방이 너무 많을 때와 불안정한 온도에서 제조되었을 때이다. 이렇게 분리된 가나슈는 잘 굳지 않고 굳더라도 입 안에서 녹을 때 식감이 거칠다.

분리되었을 경우 대처법

1. 분리된 가나슈를 24~32℃로 재가열한 다음 가나슈에 함유된 지방들이 모두 녹을 때까지 저어준다(이때 34℃ 이상으로 온도가 올라가지 않도록 주의한다. 온도가 필요 이상 올라갈 경우 가나슈가 잘 굳지 않는다).
2. 1의 방법으로도 가나슈가 유화되지 않으면 가나슈의 지방 함량이 너무 많은 것이다. 이럴 경우에는 액체를 추가해 너무 가까이 있어 뭉쳐진 지방들이 흩어질 수 있게 해야 한다. 사용할 수 있는 액체는 생크림, 리큐어, 시럽 등인데, 과하게 사용하면 가나슈의 수분량이 높아져 취급이 어렵게 되므로 반드시 최소량을 사용한다.

가나슈 굳히기와 재단

가나슈 굳히기

제조한 가나슈를 굳힐 때는 금속 막대나 아크릴 틀을 주로 사용한다. 금속 막대는 가나슈의 양에 맞게 막대를 소정해서 사용할 수 있다는 장점이 있고, 아크릴 틀은 사용하기 가볍고 세척이 편리하기 때문에 미리 계산된 양의 가나슈를 제조할 때 사용한다. 시트를 깔고 가나슈를 굳히면 쉽게 분리가 가능하다. 또한 틀에 붓고 난 뒤 윗면의 높이가 일정하고 매끄럽도록 도구를 이용해 윗면을 정리한다.

기타(Guitar)를 이용한 재단

기타는 젤리나, 가나슈, 마지팬, 잔두야 등 부드러운 것을 정확하고 균일하게 재단 할 수 있는 효율적인 기구이다. 주의할 점은 기타로 자르기 전에, 가나슈 밑바닥에 코팅 작업(프리코팅＊)을 해야 한다. 만약 코팅을 하지 않고 자를 경우에는 가나슈를 옮기거나 디핑 등의 작업을 할 때 번거로워 질 수 있다.　＊프리코팅: p.28 참조

칼을 이용한 재단

기타가 없고, 적은 양의 가나슈를 재단하는 경우는 보통 칼을 사용하는데, 기타를 이용할 때와 마찬가지로 자르기 전에 가나슈 밑바닥을 미리 코팅하고 작업한다. 버너나 토치로 칼에 살짝 열을 가하여 미지근한 상태로 사용하면 조금 더 부드럽고 깨끗하게 커팅할 수 있다.

디핑

디핑(Dipping)이란, 템퍼링한 초콜릿에 가나슈를 담궈서 코팅하는 작업을 말한다. 디핑할 때는 사용할 초콜릿의 적정 온도를 유지하는 것이 중요하며 표면에 기포나 흘림 등의 결점이 생기지 않도록 주의해야 한다. 또 작업자가 오른손잡이일 경우 왼쪽에 커팅한 가나슈를, 가운데에는 템퍼링한 초콜릿이 담긴 볼을 그리고 오른쪽에는 디핑이 완료된 초콜릿을 올려 놓을 판을 위치시키는 것이 작업하기에 수월하다(왼손잡이의 경우는 반대로 놓는다). 디핑포크는 가나슈의 형태에 따라 맞는 것을 골라야 하고 너무 길지 않게 잡도록 한다. 또 디핑 시에 디핑포크를 이용해서 마킹을 하거나 토핑물, 전사지, 질감이 있는 플라스틱 필름 등을 사용하면 여러 가지로 형태로 장식을 할 수 있다.

기본 디핑법

재단한 가나슈를 템퍼링한 초콜릿에 살짝 담근다.

디핑포크를 사용하여 초콜릿을 가나슈 위에 덮고 한 번 정리한다.

가나슈를 건져내 위아래로 살짝 흔들며 초콜릿을 털어낸다.
초콜릿의 점성을 이용하여 코팅 두께를 조절한다.

디핑포크 바닥 부분을 고무주걱을 사용해 살짝 긁어 얇게 정리한다.

OPP시트 또는 유산지 위에 디핑한 가나슈를 올리고 실온 17~18℃에서 굳힌다.

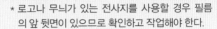

＊전사지의 이용

초콜릿으로 코팅한 가나슈 위에 필름을 한 장씩 올리고 충분히 냉각시킨 뒤에 떼어낸다. 냉각시간이 부족할 경우 초콜릿의 표면에 광택이 나지 않거나, 무늬가 있는 전사지를 사용했을 경우 무늬가 옮겨지지 않으므로 주의한다. 작업실의 온도가 높다면 냉장고로 옮겨 5~10분 정도 냉각시킨 다음 필름을 떼어낸다.

＊로고나 무늬가 있는 전사지를 사용할 경우 필름의 앞 뒷면이 있으므로 확인하고 작업해야 한다.

몰딩

　몰딩은 초콜릿 몰드를 이용한 제작 방법으로 고광택 제품을 같은 모양으로 손쉽게 만들 수 있다. 몰딩을 이용하면 바깥쪽 바삭한 껍질 부분과 안쪽의 부드러운 초콜릿 크림이 대조되는 경쾌한 질감을 가진 제품을 만들 수 있고 색소나 식용 가루 등을 이용하여 시각적으로도 특별한 효과를 낼 수 있다. 몰드는 재질, 디자인, 크기, 비용에 따라 종류가 다양하다. 과거에 사용하던 금속 몰드는 쇠로 만들어져 녹을 방지하기 위해 알루미늄 코팅이 되어 있는데, 사용법과 작업 후 관리가 까다로워 현재에는 폴리카보네이트(polycarbonate) 몰드로 거의 대체되었다. 폴리카보네이트는 가장 많이 쓰이는 몰드 재질로 가격, 무게, 광택, 사용의 편리성 모두 탁월하다. 또 폴리카보네이트 몰드는 견고하기 때문에 관리만 잘한다면 반영구적으로 사용할 수 있다. 이 외에도 저렴한 플라스틱 몰드가 있으나 내구성이 약해 반복해서 사용하기 어렵다.

기본 몰딩법

　몰드는 깨끗이 닦아 물기가 없는 상태에서 온도를 25~29℃ 정도로 맞춰 사용한다. 차가운 몰드에 몰딩할 경우 초콜릿이 급격히 식으면서 기포가 발생하는 일이 발생하여 표면이 고르지 않게 된다. 32℃ 이상으로 온도가 올라가면 초콜릿 템퍼링이 무용지물이 되어 블룸이 생기거나 틀에서 빠져 나오지 않을 수도 있으니 온도에 주의한다.

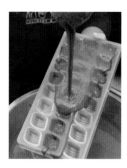

몰드에 탬퍼링한 초콜릿을 채운다. 넘치거나 주변에 묻은 초콜릿은 스크레이퍼 등으로 정리한다.

스크레이퍼로 몰드의 양쪽에 충격을 가해 공기를 빼내 몰드 주변을 정리한다.
기포를 제거함으로써 몰드 안 초콜릿 양의 밀도가 높아진다.

실온에 잠시 두었다가 몰드를 수평으로 뒤집어 초콜릿을 쏟아낸다.
실온에 오래 두었다가 초콜릿을 쏟아내면 셸의 두께가 너무 두꺼워지므로 오랜 시간 방치하지 않는다. 수평으로 뒤집어 쏟아내야 셸의 두께가 균일하게 형성될 수 있다.

스크레이퍼를 이용해서 몰드 주변에 묻은 초콜릿을 깨끗하게 정리한다.

몰드를 뒤집어 초콜릿 셸을 완전히 굳힌다.

셸 안에 충전용 가나슈를 채운다.
가나슈의 온도는 20~25℃로 맞추어 충전한다.

가나슈가 굳으면 템퍼링한 초콜릿으로 몰드를 가득 채우고 스크레이퍼로 윗면을 정리한 다음 냉장고에 15분 정도 넣어 두었다가 충분히 수축이 되었는지 확인한 다음 뒤집어서 제품을 빼낸다.

피스톨레 Pistolet

깨끗한 상태의 몰드에 31~32℃의 초콜릿 색소를 에어 브러시를 이용해 피스톨레(분사)한다.

실온에 두어 몰드에 착색된 색소가 굳을 때까지 놓아둔 다음 기본 몰딩법(1~7번)으로 몰딩한다.

피스톨레로 만든 봉봉.

피스톨레로 만든 장식물.

초콜릿 색소 만들기

카카오버터를 40℃ 정도로 녹이고 초콜릿용 분말색소를 넣는다.

핸드블렌더로 완전히 섞는다.

체로 걸러낸다.

* 주의사항

1. 카카오버터를 녹일 때에는 45℃ 이상 가열하지 않는다. 초콜릿용 분말 색소가 열에 굳어 녹지 않을 수 있다.
2. 초콜릿 색소의 사용 온도는 30~33℃로 맞춰야 하며, 템퍼링할 필요는 없다.
3. 진한 색을 원하는 경우, 농도를 너무 진하게 하면 색소가 흘러내려 얼룩이 질 수 있으므로 얇게 분사한 다음 굳히고 다시 분사한다.
4. 굳어 있는 색소를 사용할 경우는 전자레인지나 보온기를 사용하여 40℃ 정도로 녹인 다음 잘 섞어 사용한다.

손가락으로 초콜릿 색소 사용하기

초콜릿 색소의 온도가 27~30℃ 정도일 때, 위생장갑에 묻혀 몰드에 자연스럽게 바르거나 손가락을 이용해 튀긴다(붓을 사용해도 무방하다).

* 주의사항

1. 디핑한 초콜릿에 사용할 때에는 디핑이 완전히 마른 다음 튀겨야 색소가 번지지 않는다.
2. 몰딩용 초콜릿에 사용할 때에는 초콜릿 색소가 완전히 굳으면 템퍼링한 초콜릿으로 채워 몰딩한다.

초콜릿 색소 배합표

흰색 = 녹은 카카오버터 200g + 이산화티탄 10g

청색 = 녹은 카카오버터 200g + 청색 초콜릿 분말색소 10g

황색 = 녹은 카카오버터 200g + 황색 초콜릿 분말색소 10g

녹색 = 황색 색소 2/3 : 청색 색소 1/3

적색 = 녹은 카카오버터 200g + 적색 초콜릿 분말색소 10g

흑색 = 녹인 카카오버터 300g + 초콜릿 분말색소(청색 16g + 적색 8g + 황색 4g)

봉봉의 기본 재료

프랄린 Praliné

　프랄린이란 설탕을 녹여 만든 캐러멜에 견과류를 코팅한 것으로 아몬드로 만들면 아몬드 프랄린, 헤이즐넛이나 피칸으로 만들면 헤이즐넛 프랄린, 피칸 프랄린이 된다. 원래 프랄린은 아몬드 한 알을 설탕 시럽으로 코팅한 것만을 가리켰지만, 지금은 캐러멜 코팅이 된 견과류를 분쇄하여 입자가 보이지 않는 페이스트 상태로 만든 것 또한 프랄린이라고 한다.

아몬드/헤이즐넛 프랄린 Praliné aux amandes/noisettes

재료 설탕 200g, 물 60g, 백아몬드 400g 또는 헤이즐넛 400g

냄비에 설탕과 물을 넣고 110℃까지 끓인다.

불에서 냄비를 내린 다음 백아몬드 또는 헤이즐넛을 넣고 골고루 코팅한다.

냄비를 다시 불에 올려 시럽이 하얗게 결정화될 때까지 중불로 볶는다.

캐러멜색이 나면 실리콘페이퍼에 펼쳐서 실온에서 식힌다.

그라인더를 사용하여 입자가 보이지 않는 고운 페이스트 상태가 될 때까지 분쇄한다.

잔두야 Gianduja

로스팅한 헤이즐넛을 분쇄하고 녹인 초콜릿과 다시 갈아 페이스트 상태로 만든 것을 말한다. 헤이즐 넛의 고소한 오일과 초콜릿의 달콤함이 더해져 부드럽고 고소한 단맛이 난다. 시판되는 잔두야의 견과류 비중은 보통 30~35% 정도이며 견과류의 비율이 높을수록 고소한 맛을 낸다.

헤이즐넛 밀크잔두야 Gianduja Lait aux Noisettes

재료 헤이즐넛 500g, 슈거 파우더 150g, 밀크초콜릿 400g

볶은 헤이즐넛을 그라인더에 넣고 간다.
헤이즐넛은 150~160℃에서 15분 정도 미리 볶은 다음 식혀 사용한다

1에 체 친 슈기 파우디를 넣고 함께 간다.

페이스드 상태가 된 2에 중탕으로 녹인 밀크초콜릿을 넣고 다시 간다.

젤리 Jelly

펙틴, 젤라틴, 한천, 알긴산 등의 응고제를 사용하여 과일 퓌레 또는 주스를 굳힌 반고체 제품이다.

카시스 젤리 Cassis Jelly

재료
라즈베리 퓌레 330g
카시스 퓌레 198g
a. 설탕 55g, 펙틴 13g
b. 설탕 550g, 물엿 77g
c. 주석산 5.5g, 물 5.5g

냄비에 라즈베리 퓌레와 카시스 퓌레를 넣고 가열한 다음 a를 넣고 섞는다.

a가 섞이면 바로 b를 넣고 106℃가 될 때까지 열을 가한다.

냄비를 불에서 내려 c를 넣고 섞는다.

테프론시트를 깐 몰드에 3을 부은 다음 실온에서 식힌다.

4가 완전히 굳으면 원하는 사이즈로 재단하여 설탕(분량 외)을 골고루 묻힌다.

망고 젤리 Mango Jelly

재료
망고 퓌레 125g
a. 펙틴 5g, 설탕 13g
b. 물엿 42g, 설탕 150g
c. 주석산 1g, 물 1g

냄비에 망고 퓌레를 넣고 가열한 다음 a를 넣고 섞는다.

a가 섞이면 바로 b를 넣고 106℃가 될 때까지 열을 가한다.

냄비를 불에서 내려 c를 넣고 섞는다.

테프론시트를 깐 틀에 3을 붓고 실온에서 식힌 다음 카시스젤리와 같은 공정으로 마무리한다

캐러멜 Caramel

설탕 등의 당류에 열을 가해 당이 분해되며 갈색으로 변한 액체나 고체 상태의 스위츠. 여기에 크림이나 향신료, 초콜릿 등을 추가하여 다양한 초콜릿을 만들 수 있다.

초콜릿 캐러멜

재료
설탕A 225g
물엿 50g
물 50g
생크림 225g
설탕B 75g
트리몰린 12g
소금 1g
버터 20g
다크초콜릿 50g
카카오매스 13g

냄비에 설탕A와 물엿을 넣고 캐러멜색이 날 때까지 약불로 가열한다.

캐러멜색이 나면 물을 넣어 색이 더 진해지지 않도록 한다.

미리 데워 놓은 생크림을 2에 넣고 섞는다.

설탕B와 트리몰린을 넣고 119℃까지 가열한다.

불에서 내린 다음 소금, 버터, 다크초콜릿, 카카오매스를 넣고 섞는다.

테프론시트를 깐 틀에 부은 다음 실온에서 식힌다.

도구와 재료

도구 Tools

몰드 Mold

몰드는 폴리카보네이트, 실리콘, 기타 플라스틱 등 여러 가지 소재로 만들어지나 그 중 가장 많이 사용되는 것은 폴리카보네이트 재질의 몰드이다. 폴리카보네이트 재질의 몰드는 가나슈를 충전할 수 있는 초콜릿 셸과 캔디를 정교하게 만들 수 있는 장점이 있다. 또한 몰드 내 초콜릿 기포를 제거하여 균일한 초콜릿 피막을 형성하거나 초콜릿에 고광도 광택을 내는 데도 도움을 준다. 세척과 보관을 철저히 하여 몰드 손상만 없다면 오랫동안 사용이 가능하다(몰드를 세척할 때에는 따뜻한 물을 사용하여 부드러운 스펀지로 세척하고 완전히 말려서 보관한다).

프레임 몰드 Frame mold

금속이나 아크릴 프레임 몰드는 가나슈, 누가, 젤리 등을 굳힐 때 사용한다. 메탈 프레임은 가나슈의 양에 따라서 사이즈를 자유자재로 조절할 수 있으며, 아크릴 프레임은 가나슈의 양을 계산하고 높이에 따라 레이어드 가나슈 만들기에 용이하다.

투명 전사지 Transfer sheet

초콜릿 전사지를 사용하면 쉽고 다양한 초콜릿 제품들을 만들 수 있다. 투명 전사지는 투명 필름 위에 카카오버터로 만든 초콜릿 색소를 실크스텐실 기법으로 만든 전사지이다. 템퍼링한 초콜릿 위에 올려 밀착시켜 굳히면 전사지의 무늬가 그대로 초콜릿 위에 옮겨 붙는다. 투명 전사지를 사용할 때는 미리 프린팅된 면을 확인한 다음 사용한다. 체온에도 쉽게 녹을 수 있으니 보관에 주의한다.

입체 전사지 Texture sheet

봉봉 초콜릿이나 초콜릿 공예품에도 자주 사용되는 전사지로 초콜릿 질감을 간편하게 표현할 수 있다. 따뜻한 물에 씻은 다음 완전히 건조해서 보관하면 재사용이 가능하다.

워머 Chocolate melter/warmer

고체형의 초콜릿을 녹이거나 템퍼링한 초콜릿 온도를 유지할 때 사용하는 기구이다. 앞쪽의 다이얼을 이용하여 온도를 조절해 사용한다.

냄비 Pot

3중 코팅된 스테인리스 재질의 냄비로 액체를 가열할 때 사용되는 도구이다. 이 책에서는 16인치 편수냄비를 사용하였고, 생크림을 가열하거나 젤리를 끓일 때, 앙글레즈화시킬 때 등에 사용되었다.

체 Flour sieve

밀가루나 다른 가루재료에 이물질을 걸러내거나 덩어리진 것을 풀고 가루와 가루 사이에 공기를 넣어 부피를 커지게 하는 역할을 하는 기구이다.

볼 Bowl

초콜릿을 녹이거나 반죽을 섞을 때 사용되는 도구로 여러 사이즈가 있으면 작업하기 편리하다. 전자레인지나 중탕 등 용도에 맞는 재질의 볼을 사용한다.

테프론시트 Teflon bakery sheet

테프론 재질의 시트로 제품을 쉽게 떼낼 수 있어 깔끔하게 제품을 만들 수 있고 재질이 유연하며, 세척과 보관이 용이해 오랫동안 사용할 수 있다. 250℃까지 견디는 것은 물론 전자레인지, 냉장고, 냉동고에서도 사용이 가능하다. 또한 실리콘 매트보다 저렴한 가격으로 구매할 수 있다.

아크릴판 Acril board

초콜릿 작업시 있어야 할 필수 도구로 가나슈를 밀어펼 때나 공예의 부속품을 제작할 때 다용도로 사용된다. 아크릴 전문점에 문의하면 원하는 사이즈에 맞춰 제작이 가능하고 3~5㎜ 내외의 두께를 사용하면 변형이 적다.

식힘망 Cooling Grid

케이크 시트나 쿠키를 식힐 때 사용하는 기구로 메탈 재질로 되어 있어 달라붙지 않으며 제품의 모양이 흐트러지지 않게 도와준다. 또한 트러플 형의 봉봉제품 표면을 울퉁불퉁하게 표현할 때 사용한다.

스탠드믹서 Stand mixer

반죽을 제조할 때나 재료를 혼합할 때 또는 생크림의 거품을 올릴 때 사용되는 도구로 본체가 무게감이 조금 있어야 고속으로 돌릴 때도 흔들리지 않는다.

핸드 블렌더 hand blender

초콜릿을 갈거나 가나슈 유화작업에 필요한 도구로 700W 이상의 블렌더를 사용하는 것이 적합하다.

저울 Scale

디지털저울은 재료의 정확한 양을 계량할 때 사용이 하는데 1그램 단위로 측정되는 저울이 조금 더 정확한 계량을 위해서 편리하다.

레이저 온도계 Infrared radiation thermometer

레이저 온도계를 이용하여 템퍼링을 확인할 때는 볼 안에 있는 초콜릿을 잘 섞은 다음 초콜릿 표면에 가깝게 대고 2~3군데 체크하여 온도를 측정한다. 비접촉식이라 사용하기는 간편하지만 실내 온도와 측정 거리, 초콜릿의 양 등에 따라 오차가 발생할 수 있으니 주의한다.

열풍기 Heating Gun

초콜릿에 열풍을 가하여 온도를 올릴 때 사용한다(헤어 드라이어로 대체해도 무방하다). 열풍기는 공업용으로 온도가 매우 높게 올라가기 때문에 초콜릿을 녹일 때는 주의해서 사용한다.

에어브러시 Air brush

초콜릿 몰드나 공예품에 색소를 분사하거나 마무리 작업을 할 때 사용한다. 이 책의 제품들은 직경 0.3mm 노즐을 사용한다. 분사하려는 제품의 사이즈에 맞게 노즐 구경을 선택할 수 있다. 공예품의 사이즈가 커지거나 분사하려고 하는 면적이 넓어질 경우 노즐의 반경을 큰 걸로 선택해 사용하면 작업이 편리하다.

메탈 바 Metal bar

원통 메탈바는 미술용 도구로 생산된 제품이지만 초콜릿 장식물 중 스프링이나 곡선을 만들 때 사용하면 편리하다. 장식물을 만들 때는 메탈 바의 표면에 비닐을 한겹 두르고 사용해야 나중에 초콜릿이 바에 붙어 깨지는 경우가 발생하지 않는다.

스패튤러 Spatula

스패튤러는 케이크 시트 표면에 버터 크림이나 생크림을 아이싱할 때 사용하는, 손잡이가 있는 강철로 된 기구다. 4인치부터 10인치까지 다양한 사이즈가 있어 용도에 맞춰 사용할 수 있다.

실리콘 주걱 Silicon paddle

고온이나 저온에서도 변형되지 않고 인체에 무해한 재질로, 초콜릿 작업 시 일반 고무 주걱보다 세척이나 사용이 용이하다.

거품기 Whisk

거품기는 강철로 만든 제과도구로 직접 달걀을 믹싱하거나 버터 등을 부드러운 상태로 풀 때, 재료를 섞을 때 사용하는 기구이다.

스크레이퍼 Scraper

스크레이퍼는 대리석 템퍼링 이후에 대리석 표면의 초콜릿을 긁거나 사탕, 누가, 또는 반죽을 절단하고 펴는 데 사용한다. 스테인리스로 만들어진 금속 직선 스크레이퍼는 평평한 표면을 긁는 데 사용하고, 플라스틱으로 된 둥그런 표면의 스크레이퍼는 볼에 담긴 것들을 긁어낼 때 사용한다.

디핑포크 Dipping folk

디핑포크는 템퍼링한 초콜릿에 가나슈를 디핑할 때, 트러플 초콜릿 모양을 내기 위해 굴릴 때 사용한다. 둥그런 형태의 가나슈를 건져낼 때 사용하는 원형모양과 네모난 가나슈를 작업할 때 사용하는 2~4줄로 된 포크 모양 등이 있다.

자 Ruler

제품의 정확한 사이즈 재단을 위하여 필요한 도구로 플라스틱과 스테인리스 재질의 자가 있다. 최근 위생적인 면을 고려해서 스테인리스 자를 사용하는 추세이다.

민칼 cake knife

가나슈를 재단할 때 사용이 되는 민칼은 칼날이 예리하여 보통 무스나 케이크를 자를 때 사용한다.

쿠키커터 Cookie cutter

쿠키를 재단할 때 사용되는 도구로 원, 하트, 별 등 다양한 모양이 있다. 초콜릿 가나슈를 재단할 때나 초콜릿 공예를 제작할 때 손쉽게 사용할 수 있는 도구이다.

짤주머니 및 깍지 Pastry bags/tips

케이크나 쿠키 반죽, 가나슈, 생크림 등을 넣고 짤 때 사용되는 원추 모양의 백이다. 재질은 방수천 또는 비닐로 만들어진다. 비닐로 만든 1회용 비닐 짤주머니는 위생적이라는 장점이 있고 방수천으로 만든 짤주머니는 보관이 까다롭지만 오래 쓸 수 있는 장점이 있다. 또한 각종 모양깍지를 사용하면 여러 형태의 다양한 제품을 생산할 수 있다.

롤 필름 OPP sheet

가나슈를 펼쳐 굳히거나 제품을 포장할 때 사용이 되는 롤 필름으로 OPP시트라고도 불린다. 낱개 시트가 아닌 롤시트를 사용하면 용도에 맞게 원하는 크기로 재단해서 사용할 수 있다.

초콜릿 색소 chocolate coloring

카카오버터와 함께 혼합하여 사용할 수 있는 초콜릿용 분말 색소.

펄 색소 chocolate pearl color

카카오버터와 미세한 펄 분말을 혼합해서 만든 제품으로 녹여서 바로 사용할 수 있다.

펄 분말 Pearl powder

펄감이 있는 분말로 다양한 색상이 있으며, 공예품을 만들 때 사용하면 다채로운 효과를 줄 수 있다.

식용 데코 구슬 Alazan

국내에서는 보통 '아라잔'이라고 불리우는 이 구슬은 쿠키나 컵케이크 장식에 사용되나 한국에서는 식용허가가 나지 않아 구하기가 어려운 제품이다. 설탕과 전분을 섞은 뒤 둥글게 만들어 식용 펄 파우더를 묻힌 것으로, 제품 마무리에 사용하면 고급스러운 느낌을 줄 수 있다.

부분 순간 냉각제 Freezing aerosol

냉각제는 무독성, 비부식성으로 급속한 냉각효과(-50℃)가 있어 초콜릿 공예 제작 시 유용하게 사용된다.

chapter 02

GANACHE
가나슈

크림 가나슈 유자 · 시나몬 · 캐러멜 라테 · 얼그레이 · 카페 비터 · 캐러멜 오 레 · 프랄린 누가틴 · 헤이즐넛 라테 · 시트론 · 라즈베리 젤리 · 시트러스 캐러멜 · 위스키 파베 · 카페 봉봉 · 라즈베리 · 말차 · 코코파 **버터 가나슈** 오렌지 버터 · 카시스 버터 · 마드라스 · 라즈베리 바이트 · 레몬 로그 **논필링가나슈** 리커 코디얼 · 캐러멜 크림 · 체리 봉봉 · 솔트 캐러멜 · 퐁세

유자
Yuzu

재료 |25개 분량|

생크림	147g
유자청	29g
물엿	9g
다크초콜릿	180g
밀크초콜릿	48g
전화당	9g
버터	24g
디핑용 다크초콜릿	

* 아크릴 몰드 사이즈 : 13×13×1㎝

1
냄비에 생크림과 유자청을 함께 넣고 끓인 다음 뚜껑을 덮고 30분 이상 우린다.

2
1을 체에 걸러 106g으로 계량한다.
부족할 경우 생크림을 더해 분량을 맞춘다.

3
2의 유자크림에 물엿을 넣은 다음 물엿이 녹을 때까지 가열한다.

4
볼에 다크초콜릿과 밀크초콜릿을 넣고 녹인다.

5
4에 3을 여러 번 나누어 넣고 고루 섞는다.

6
5에 전화당과 부드러운 상태의 버터를 넣고 잘 섞는다.

7
OPP시트를 깐 아크릴 몰드에 가나슈를 채우고 스패튤러로 윗면을 정리한다.

8
가나슈가 굳으면 몰드를 제거한 다음 프리코팅하고 굳힌다.

9
프리코팅한 면을 바닥으로 해 2.5×2.5㎝로 재단한다.

10
디핑포크를 이용하여 템퍼링한 다크초콜릿에 디핑한다.

11
디핑한 초콜릿이 굳기 전에 금박을 올려 장식한다.

시나몬
Cinnamon

재료 |25개 분량|

생크림	90g
시나몬 스틱	7.5g
다크초콜릿	75g
화이트초콜릿	120g
전화당	7.5g
디핑용 다크초콜릿	

* 아크릴 몰드 사이즈 : 13×13×1㎝

1
냄비에 생크림과 시나몬 스틱을 넣고 끓인다.

2
냄비를 불에서 내려 뚜껑을 덮고 20분 동안 우린 다음 시나몬 스틱을 건져낸다.

3
볼에 다크초콜릿과 화이트초콜릿을 넣고 녹인다.

4
3에 전화당을 넣고 섞는다.

5
4에 2를 조금씩 나눠 넣으며 섞는다.

6
스탠드믹서를 사용하여 유화시킨다.

7
OPP시트를 깐 아크릴 몰드에 가나슈를 채우고 스패튤러로 윗면을 정리한 다음 굳힌다.

8
프리코팅한 다음 굳으면 뒤집어서 2.5×2.5㎝로 재단한다.

9
디핑포크를 이용하여 템퍼링한 다크초콜릿에 디핑한다.

10
디핑한 초콜릿이 굳기 전에 3×3㎝ 전사지를 올린다.

캐러멜 라테
Caramel latte

재료 |25개 분량|

A. 오렌지 캐러멜

설탕	50g
오렌지 제스트	1/2개
버터	15g

B. 잔두야 오렌지

밀크초콜릿	30g
헤이즐넛 프랄린	10g
A(오렌지 캐러멜)	15g

C. 가나슈 라테

밀크초콜릿	65g
생크림	32g
그랑마니에르	5g

초코펄(Chocolate Pearl)
디핑용 다크초콜릿

* 틀 사이즈 : 13×13×1㎝

A. 오렌지 캐러멜

1
냄비에 설탕을 넣고 캐러멜화
한 다음 오렌지 제스트를 넣고
섞은 다음 부드러운 상태의 버
터를 넣고 고루 섞는다.

2
실리콘패드에 3mm 정도 두께
로 얇게 펴 식힌 다음 스탠드믹
서로 분쇄하여 가루로 만든다.

B. 잔두야 오렌지

1
녹인 밀크초콜릿에 헤이즐넛
프랄린과 A(오렌지 캐러멜) 15g
을 넣고 섞는다.

2
틀에 넣어 5mm 높이로 균일하
게 펴서 굳힌다.

C. 가나슈 라테

1
중탕하여 녹인 밀크초콜릿에
데운 생크림을 넣고 섞는다.
밀크초콜릿이 분리되지 않도록 생크림
의 온도가 60℃를 넘지 않도록 한다.

2
그랑마니에르를 넣고 섞는다.

3
B(잔두야 오렌지) 위에 2를 부
은 다음 스페튤러로 윗면을 정
리한 다음 굳힌다.

4
프리코팅한 다음 굳으면 뒤집어
서 2.5×2.5㎝로 재단한다.

5
가나슈 위에 초코펄을 살짝 박
고, 템퍼링한 다크초콜릿에 디
핑한다.
디핑할 때 초코펄이 떨어지지 않도록
유의한다.

6
OPP시트를 깐 아크릴판 위에
올려 굳힌다.

얼그레이
Earlgrey

재료 |25개 분량|

생크림	87g
얼그레이 잎차	4g
전화당	13g
다크초콜릿	115g
버터	12g
디핑용 다크초콜릿	

* 틀 사이즈 : 13×13×1㎝

1
냄비에 생크림과 얼그레이를 넣고 끓인 다음 5분 동안 우린다.

2
체로 얼그레이를 거른 다음, 손실된 크림 양만큼 생크림을 추가하여 87g으로 계량한다.

3
냄비에 2와 전화당을 넣고 전화당이 녹을 때까지 약불로 가열한다.

4
중탕하여 녹인 다크초콜릿에 3을 나눠 넣으며 섞는다.

5
4에 부드러운 상태의 버터를 넣고 섞는다.

6
OPP시트를 깐 틀에 가나슈를 채운다.

7
스패튤러 끝을 잡고 쓸어내리며 윗면을 고르게 정리한 다음 굳힌다.

8
프리코팅한 다음 굳으면 뒤집어서 2.5×2.5㎝로 재단한다.

9
디핑포크를 이용하여 템퍼링한 다크초콜릿에 디핑한다.

10
초콜릿이 굳기 전에 3×3㎝로 재단한 입체 전사지를 올려 굳힌다.

카페 비터
Café bitter

재료 |25개 분량|

물	17g	밀크초콜릿	43g
에스프레소용 그라인드 원두	7g	앙탕스 다크초콜릿	38g
생크림	66g	버터	13g
바닐라빈	0.3g	칼루아(27도)	8g
물엿	11g	디핑용 밀크초콜릿	
다크초콜릿	50g	원두 모양 데코초콜릿	25개

* 아크릴 몰드 사이즈 : 13×13×1㎝

1
냄비에 물과 원두를 넣고 끓여 커피를 우려낸다.

2
생크림을 넣고 살짝 끓을 때까지 가열한다.

3
바닐라빈, 물엿을 넣고 물엿이 녹을 때까지 가열한다.

4
다크, 밀크, 앙탕스 다크초콜릿을 중탕해 녹인 다음 3을 체로 걸러 넣는다.

5
부드러운 상태의 버터를 넣고 섞는다.

6
칼루아를 넣고 골고루 섞는다.

7
OPP시트를 깐 아크릴 몰드에 채워 굳힌 다음 프리코팅하고 2.5×2.5㎝로 재단한다.

8
디핑포크를 이용하여 템퍼링한 밀크초콜릿에 디핑한다.

9
디핑한 초콜릿을 OPP시트를 깐 아크릴판 위에 올린다.

10
초콜릿이 굳기 전에 원두 모양 데코초콜릿을 올려 장식한다.

재료 |25개 분량|

설탕	21g	앙탕스 다크초콜릿	20g
생크림	72g	디핑용 밀크초콜릿	
밀크초콜릿	106g	코코아 파우더	

* 아크릴 몰드 사이즈 : 13×13×1㎝

1
냄비에 설탕을 넣고 캐러멜화
한다.

2
데운 생크림을 넣고 재빨리 섞
는다.
캐러멜 크림이 만들어지면 50℃ 전후
로 식힌다.

3
반쯤 녹인 밀크, 앙탕스, 다크초
콜릿에 2를 나눠 넣으며 섞는다.

4
스탠드믹서를 사용하여 유화시
킨다.

5
OPP시트를 깐 아크릴 몰드에
채워 굳힌 다음 프리코팅하고
2.5×2.5㎝로 재단한다.

6
디핑포크를 이용하여 템퍼링한
밀크초콜릿에 디핑한다.

7
디핑한 초콜릿 위에 코코아 파
우더를 체 쳐 흩뿌린다.

8
투명 전사지를 올려 코코아 파
우더를 초콜릿에 밀착시켜 굳
힌다.

프랄린 누가틴
Praline nougatine

재료 |25개 분량|

A. 초콜릿 누가틴

우유	4g
버터	18g
물엿	8g
설탕	20g
코코아파우더	3g
소금	0.2g
헤이즐넛 분태	20g

B. 프랄린 크림

밀크초콜릿40%	35g
카카오버터	15g
헤이즐넛 프랄린	150g

디핑용 밀크초콜릿

카카오닙

A. 초콜릿 누가틴

1
냄비에 헤이즐넛 분태를 제외한 모든 재료를 넣고 타지 않게 약불로 가열한다.

2
끓기 시작하면 헤이즐넛 분태를 넣고 1분 동안 가열한 다음 코팅이 되면 실리콘패드에 넓고 얇게 편다.

3
완전히 굳기 전에 밀대로 밀어 편 다음 160~170℃ 오븐에서 10분간 굽는다.

4
오븐에서 꺼내어 식힌 다음 스탠드믹서에 넣고 크럼블 상태가 될 때까지 분쇄한다.

B. 프랄린 크림

1
밀크초콜릿과 카카오버터를 녹인 다음 헤이즐넛 프랄린을 넣고 섞는다.

2
1에 A의 초콜릿 누가틴 40g을 넣고 고루 섞는다.

3
OPP시트를 깐 아크릴 몰드에 채운 다음 스패튤러로 윗면을 정리하고 굳힌다.

4
템퍼링한 밀크초콜릿으로 프리코팅한 다음 굳으면 프리코팅한 면을 바닥으로 해 2.5×2.5cm로 재단한다.

5
재단한 가나슈에 카카오닙 3~4개를 살짝 박아 넣는다.

6
템퍼링된 밀크초콜릿에 디핑한 다음 OPP시트를 깐 아크릴판 위에 올려 굳힌다.
카카오닙이 떨어지지 않도록 유의한다.

헤이즐넛 라테
Hazelnut latte

재료 |25개 분량|

A. 커피 가나슈

생크림	27g
그라인드 원두	2g
물엿	9g
다크초콜릿	57g
버터	6g
칼루아	6g

B. 프랄린 가나슈

생크림	21g
물엿	7g
화이트초콜릿	60g
카카오버터	3g
아몬드 페이스트	9g
헤이즐넛 리큐어	4g

디핑용 다크초콜릿
카카오닙

A. 커피 가나슈

1
냄비에 생크림, 원두, 물엿을 넣고 끓인 다음 중탕하여 녹인 다크초콜릿에 체로 걸러 넣고 섞는다.

2
부드러운 상태의 버터를 넣고 섞은 다음 칼루아를 넣고 섞는다. 초콜릿이 분리되지 않도록 상온의 칼루아를 사용한다.

B. 프랄린 가나슈

3
OPP시트를 깐 몰드 안에 가나슈를 5mm 높이로 채운다.

1
냄비에 생크림과 물엿을 넣고 물엿이 녹을 때까지 가열한다.

2
함께 녹인 화이트초콜릿과 카카오버터에 1을 2~3회 나눠 넣으며 섞는다.

3
아몬드 페이스트를 넣고 고루 섞은 다음 헤이즐넛 리큐어를 넣고 섞는다.

4
A의 커피 가나슈 위에 3을 부어 몰드를 가득 채운다.

5
가나슈가 굳으면 몰드를 제거한 다음 템퍼링한 다크초콜릿으로 프리코팅 한다.

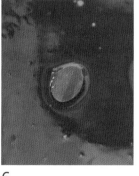

6
프리코팅이 굳으면 타원형 모형 커터로 찍어낸 다음 템퍼링한 다크초콜릿에 디핑한다.

7
초콜릿이 완전히 굳기 전에 카카오닙을 올려 장식한다.

시트론
The citron

재료 |25개 분량|

A. 레몬 가나슈

생크림	21g
물엿	14g
화이트초콜릿	66g
카카오버터	7g
레몬 농축액	12g

B. 홍차 가나슈

생크림	42g
얼그레이	2g
전화당	6g
다크초콜릿	66g
버터	9g

디핑용 다크초콜릿
굵은 설탕

* 아크릴 몰드 사이즈 : 13×13×1㎝

A. 레몬 가나슈

1
냄비에 생크림과 물엿을 넣고 끓인 다음 함께 녹인 화이트초콜릿과 카카오버터에 넣고 섞는다.

2
1에 레몬 농축액을 넣고 섞는다.

3
OPP시트를 깐 아크릴 몰드에 2를 5mm 높이로 채운 다음 윗면을 정리하고 굳힌다.

B. 홍차 가나슈

1
냄비에 생크림과 얼그레이를 넣고 끓여 우린 다음 체에 거른다. 손실량만큼 생크림을 보충하여 42g으로 계량한다.

2
1의 얼그레이 크림을 볼에 옮긴 다음 전화당을 섞는다.

3
녹인 다크초콜릿에 2를 넣고 고루 섞은 다음 부드러운 상태의 버터를 넣고 고루 섞는다.
초콜릿과 크림이 분리되지 않게 2를 50℃ 전후로 식혀서 사용한다.

4
A의 레몬 가나슈 위에 완성된 홍차 가나슈를 부어 몰드를 채우고 윗면을 정리한 다음 굳힌다.

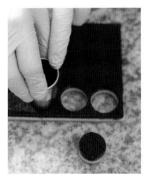

5
프리코팅한 다음 굳으면 지름 2.5㎝ 원형 커터로 찍어낸다.

6
디핑포크를 이용하여 템퍼링한 다크초콜릿에 디핑한다.

7
초콜릿이 굳기 전에 굵은 설탕으로 장식하여 굳힌다.

라즈베리 젤리

Raspberry jelly

재료 |25개 분량|

A. 라즈베리 젤리

라즈베리 퓌레	76g
설탕A	6g
물엿	7g
펙틴	2g
설탕B	35g

B. 밀크 가나슈

밀크초콜릿	60g
다크초콜릿	24g
생크림	41g
물엿	4g
버터	10g

디핑용 다크초콜릿

* 틀 사이즈 : 13×13×1㎝

A. 라즈베리 젤리

1
냄비에 라즈베리 퓌레, 설탕A, 물엿을 넣고 끓인 다음 펙틴과 설탕B를 넣고 섞는다.

2
타지 않게 약불로 105℃까지 끓인다.
더 오래 끓일 경우 라즈베리 젤리가 변색되므로 주의한다.

3
실리콘페이퍼를 깐 틀에 3~4㎜ 높이로 채운 다음 완전히 굳힌다.

B. 밀크 가나슈

1
볼에 녹인 밀크, 다크초콜릿과 함께 데운 생크림, 물엿을 넣고 균일하게 섞은 다음 부드러운 상태의 버터를 넣고 섞는다.

2
A의 라즈베리 젤리 위에 가나슈를 붓고 윗면을 정리한 다음 냉장고에서 굳힌다.

3
템퍼링한 다크초콜릿으로 프리코팅한 다음 굳힌다.

4
프리코팅한 면을 바닥으로 두고 2.5×2.5㎝로 재단한다.

5
템퍼링한 다크초콜릿에 디핑한 다음 OPP시트를 깐 아크릴 판 위에 올린다.

6
초콜릿이 어느 정도 굳으면 중앙에 템퍼링한 다크초콜릿을 직경 7㎜ 원형으로 짠다.

7
냉동실에 넣어둔 초콜릿 스탬프로 무늬를 찍어낸다.

시트러스 캐러멜
Citrus caramel

재료 |25개 분량|

A. 레몬 농축액

레몬즙	50g
레몬 제스트	2/3개분

몰딩용 화이트초콜릿
초콜릿용 노랑 · 녹색색소

B. 레몬 캐러멜 가나슈

생크림	42g
레몬 제스트	2개
설탕	16g
A(레몬 농축액)	20g
화이트초콜릿	120g
카카오버터	20g

몰드 준비하기

1
몰드에 에어브러시를 사용하여 노란색 색소를 피스톨레한다.

2
녹색 색소를 1에 피스톨레하여 자연스럽게 그라데이션을 만든다.

3
색소가 마르면 템퍼링한 화이트초콜릿을 몰드에 채운다

4
스크레이퍼로 몰드 양쪽에 약한 충격을 가해 공기를 뺀다.

5
스크레이퍼로 몰드 주변을 긁어 정리한다.

6
몰드를 수평으로 뒤집어 화이트초콜릿을 쏟아낸 다음 한 번 더 윗면을 정리한다.

A. 레몬 농축액

1
냄비에 레몬즙과 레몬 제스트를 넣고, 레몬즙이 2/3정도로 줄어들 때까지 중불로 가열한다.

2
불에서 내려 식힌 다음 체에 걸러 20g을 계량한다.

B. 레몬 캐러멜 가나슈

1
냄비에 생크림과 레몬 제스트를 넣고 끓인 다음 불에서 내려 1시간 정도 우린다.

2
1을 다시 가열한 다음 캐러멜화한 설탕에 붓고 섞는다.

3
체를 사용하여 2의 레몬 제스트를 걸러낸다.

4
A의 레몬 농축액 20g을 넣고 고루 섞는다.

5
함께 녹인 화이트초콜릿과 카카오버터에 4를 여러 번 나누어 넣으며 섞는다.

6
만들어둔 화이트초콜릿 몰드에 5의 레몬 캐러멜 가나슈를 90% 채운다.

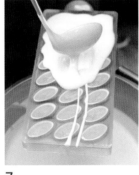

7
가나슈가 굳으면 템퍼링한 화이트초콜릿을 채운다.

8
스크레이퍼로 몰드 윗면과 주변을 정리한다.

위스키 파베
Whisky pave

재료 |25개 분량|

밀크초콜릿 40%	100g
다크초콜릿 65%	25g
물엿	11g
생크림	68g
위스키	12g
코코아 파우더	

* 몰드 사이즈 : 13×13×1㎝

1
녹인 초콜릿에 물엿과 생크림을 함께 데워 조금씩 나누어 넣으며 섞는다.

2
1에 위스키를 넣어 섞은 다음 몰드에 채우고 굳힌다.

3
가나슈가 굳으면 몰드를 제거하고 2×2㎝로 재단한다.

4
가나슈를 간격을 두고 뗀 다음 코코아 파우더를 뿌려 마무리한다.

카페 봉봉
Café bonbon

재료 |25개 분량|

생크림	96g
전화당	33g
그라인드 원두	3g
다크초콜릿	60g
버터	22g
몰딩용 다크초콜릿	

몰드 준비하기

1
몰드에 템퍼링한 다크초콜릿을 채운 다음 스크레이퍼로 몰드 양쪽에 약한 충격을 가해 공기를 뺀다.

2
스크레이퍼로 몰드 주변을 긁어 정리한다.

3
몰드를 수평으로 뒤집어 초콜릿을 쏟아낸 다음 한 번 더 윗면을 정리한다.

4
몰드를 뒤집어 초콜릿 피막을 굳힌다.

카페 가나슈

1
냄비에 생크림, 전화당, 원두를 넣고 끓인다.

2
1을 체로 거른 다음 녹인 다크초콜릿에 섞는다.

3
2에 부드러운 상태의 버터를 넣고 섞는다.

4
스탠드믹서를 사용하여 유화시킨다.

5
유화시킨 가나슈를 준비해둔 몰드에 90% 채운다.

6
가나슈가 굳으면 템퍼링한 다크초콜릿을 채운다.

7
스크레이퍼로 몰드 윗면과 주변을 정리한다.

라즈베리
Raspberry

재료 |21개 분량|

다크초콜릿	64g
밀크초콜릿	38g
생크림	30g
전화당	16g
라즈베리 퓌레	44g
설탕	7.2g
버터	12g
라즈베리 리큐어	4g

몰딩용 화이트초콜릿
초콜릿용 빨강 색소
카카오버터

몰드 준비하기

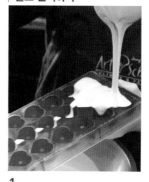

1
빨간색으로 피스톨레한 하트 모형 몰드에 템퍼링한 화이트 초콜릿을 채운다.

2
몰드를 수평으로 뒤집어 초콜릿을 쏟아낸 다음 한 번 더 윗면을 정리한다.

3
몰드를 뒤집어 초콜릿 피막을 굳힌다.

라즈베리 가나슈

1
함께 녹인 다크, 밀크초콜릿에 함께 데운 생크림과 전화당을 넣고 섞는다.

2
1에 함께 데운 라즈베리 퓌레와 설탕을 넣고 섞는다.

3
2에 부드러운 상태의 버터를 넣고 잘 섞는다.

4
3에 라즈베리 리큐어를 넣고 균일하게 섞는다.

5
4를 짤주머니에 담아 준비해둔 몰드에 90% 채운다.

6
가나슈가 굳으면 화이트초콜릿을 채운다.

7
스크레이퍼로 몰드 윗면과 주변을 정리한다.

말차
Matcha

재료 |25개 분량|

말차가루	4g
생크림	80g
화이트초콜릿 35%	103g
카카오버터	12g
말차 리큐어	5g
디핑용 밀크초콜릿	
장식용 화이트초콜릿	

1
말차가루와 데운 생크림 일부를 섞어 페이스트 상태로 만든다.

2
1에 함께 녹인 화이트초콜릿과 카카오버터를 넣고 덩어리지지 않게 섞는다.

3
2에 나머지 생크림을 섞은 다음 말차 리큐어를 넣고 섞는다.

4
3을 식혀 짤주머니에 담는다.

5
짤주머니 끝을 잘라 밀크초콜릿 셸에 짜넣는다.

6
필링이 굳으면 템퍼링한 밀크초콜릿으로 입구를 막는다.

7
입구가 굳으면 템퍼링한 밀크초콜릿에 디핑한다.

8
OPP시트를 깐 아크릴 판 위에 올려 굳힌다.

9
템퍼링한 화이트초콜릿을 얇게 짜서 장식한다.

코코파 Cocopa

재료 |28개 분량|

화이트초콜릿	130g
패션프루츠 퓌레	38g
코코넛 퓌레	30g
전화당	15g
코코넛 리큐어	10g
디핑용 화이트초콜릿	

1
볼에 화이트초콜릿을 넣고 중탕하여 녹인다.

2
패션프루츠 퓌레, 코코넛 퓌레, 전화당을 함께 녹여 1에 넣고 섞는다.

3
2에 코코넛 리큐어를 넣어 고루 섞는다.

4
3을 식혀 짤주머니에 담는다.

5
짤주머니 끝을 잘라 화이트초콜릿 셸에 짜 넣는다.

6
필링이 굳으면 템퍼링한 화이트초콜릿으로 입구를 막는다.

7
입구가 굳으면 템퍼링한 화이트초콜릿에 디핑한다.

8
디핑한 초콜릿이 굳기 전에 디핑포크로 식힘망에 둥글려 거친 표면을 만든다.

오렌지 버터
Orange butter

버터 가나슈 • Butter ganache

재료 |25개(11g) 분량|

버터	32g
퐁당	11g
밀크초콜릿	137g
오렌지 주스 농축액	14g
쿠앵트로	7g
몰딩용 밀크초콜릿	

몰드 준비하기

1
몰드에 템퍼링한 밀크초콜릿을 채운다.

2
스크레이퍼로 몰드의 양쪽에 충격을 가해 공기를 빼고 몰드 주변을 정리한다.

3
몰드를 수평으로 뒤집어 초콜릿을 쏟아낸 다음 한 번 더 윗면을 정리한다.

4
몰드를 뒤집어 초콜릿 피막을 굳힌 다음 몰드에서 빼낸다.

오렌지 버터 가나슈

1
볼에 부드러운 상태의 버터를 풀고 퐁당을 넣어 섞는다.

2
1에 35℃로 녹인 밀크초콜릿을 넣고 고루 섞는다.
너무 온도가 높거나 낮으면 1과의 유화가 되지 않는다.

3
2에 오렌지 주스 농축액과 쿠앵트로를 넣고 분리되지 않게 섞는다.

4
별깍지를 끼운 짤주머니에 3을 담아 만들어둔 밀크초콜릿 컵에 짜 넣는다.

카시스 버터
Cassis butter

재료 |25개 분량|

버터	42g
꿀	34g
카시스 퓌레	8g
프랄린	34g
화이트초콜릿	42g
밀크초콜릿	42g
디핑용 밀크초콜릿	

* 아크릴 몰드 사이즈 : 13×13×1㎝

1
플라스틱 볼에 부드러운 상태의
버터를 풀고 꿀을 넣어 섞는다.
꿀을 사용할 경우 스테인리스 볼이 아닌
플라스틱 볼을 사용하는 것이 좋다.

2
1에 액체상태의 카시스 퓌레를
넣고 섞는다.
차가운 퓌레를 넣으면 버터가 분리되
니 유의한다.

3
2에 프랄린을 넣고 섞는다.

4
3에 함께 녹인 화이트, 밀크초
콜릿을 넣고 섞는다.

5
OPP시트를 깐 아크릴 몰드 안
에 가나슈를 채운다.

6
스패튤러 끝을 잡고 쓸어내리
며 윗면을 고르게 정리한다.

7
가나슈가 굳으면 몰드를 제거
한 다음 프리코팅하고 굳힌다.

8
뒤집어서 2.5×2.5㎝로 재단한
다음 템퍼링한 밀크초콜릿에
디핑한다.

9
디핑한 초콜릿이 굳기 전에 3×
3㎝ 전사지를 올려 굳힌다.

마드라스
Madras

재료 |25개 분량|

버터	46g
커리 파우더	1/2ts
화이트초콜릿	100g
코코넛 밀크	54g
디핑용 다크초콜릿	
색소	

* 아크릴 몰드 사이즈 : 13×13×1㎝

1
볼에 부드러운 상태의 버터와 커리 파우더를 넣고 고루 섞는다.

2
1에 35℃로 녹인 화이트초콜릿을 넣고 섞는다.

3
코코넛 밀크를 35℃ 전후로 데운 다음 2에 넣고 섞는다.
버터가 녹지 않도록 코코넛 밀크 온도에 주의한다.

4
OPP시트를 깐 아크릴 몰드에 채운다.

5
스패튤러 끝을 잡고 쓸어내리며 윗면을 고르게 정리한 다음 굳힌다.

6
프리코팅 한 다음 뒤집어서 2.5×2.5㎝로 재단한다.

7
디핑포크를 이용하여 템퍼링한 다크초콜릿에 디핑한다.

8
디핑한 초콜릿에 튕기듯이 색소를 튀겨 장식한다.

라즈베리 바이트
Raspberry bites

재료 |25개 분량|

라즈베리 잼	63g	디핑용 다크초콜릿	
버터	46g	식용 펄 색소	
밀크초콜릿	46g		
다크초콜릿	37g		
라즈베리 술	9g		

* 아크릴 몰드 사이즈 : 13×13×1㎝

1
볼에 라즈베리 잼과 부드러운 상태의 버터를 넣고 균일하게 섞는다.

2
1에 함께 녹인 밀크, 다크초콜릿을 1에 넣고 섞는다.

3
2에 라즈베리 술을 넣고 잘 섞는다.

4
OPP시트를 깐 아크릴 몰드에 가나슈를 채운다.

5
스패튤러 끝을 잡고 쓸어내리며 윗면을 고르게 정리한 다음 굳힌다.

6
프리코팅한 다음 굳으면 뒤집어서 2.5×2.5㎝로 재단한다.

7
디핑포크를 이용하여 템퍼링한 다크초콜릿에 디핑한다.

8
초콜릿이 굳으면 붓에 식용 펄 색소를 묻혀 무늬를 그린다.

레몬 로그
Lemon log

재료 |35개 분량|

버터	37g
퐁당	28g
화이트초콜릿	145g
레몬 주스	11g
레몬 제스트	2.8g
디핑용 다크초콜릿	

1
볼에 부드러운 상태의 버터를 잘 푼다.

2
1에 부드러운 상태의 퐁당을 넣고 섞는다.

3
2에 35℃로 녹인 화이트초콜릿을 나누어 넣고 섞는다.

4
3에 미지근한 레몬 주스와 레몬 제스트를 넣고 섞는다.

5
지름 1.5cm 원형 깍지를 끼운 짤주머니에 4를 담는다.
되기가 너무 묽으면 식혀서 굳힌 다음 사용한다.

6
OPP시트를 깐 아크릴판에 길게 짠 다음 굳힌다.

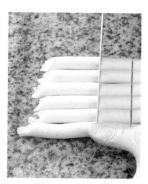

7
줄 맞춰 3.5㎝ 길이로 자른다.

8
손에 다크초콜릿을 바르고 7을 굴려 얇게 프리코팅한다.

9
프리코팅이 굳으면 템퍼링한 다크초콜릿에 디핑한다.

10
초콜릿이 굳기 전에 식힘망 위에서 굴려 나무토막 자국을 만든다.

리커 코디얼
Liquor cordial

논필링 가나슈 • Nonfilling ganache

재료 | 35개(9g) 분량 |

설탕	144g
물	48g
바카디골드	36g
몰딩용 밀크초콜릿	
초콜릿용 색소	

설탕막 작업용

전분	50g
분당	50g

몰드 준비하기

1
에어브러시를 사용하여 몰드에 초콜릿용 색소를 피스톨레한 다음 굳힌다.

2
1에 템퍼링한 밀크초콜릿을 채우고 스크레이퍼로 양쪽에 충격을 가해 공기를 뺀다.

3
몰드를 수평으로 뒤집어 초콜릿을 쏟아낸 다음 윗면을 정리한다.

리커 코디얼

1
냄비에 설탕과 물을 넣고 105℃까지 끓인다.

2
볼에 설탕물과 바카디골드를 넣고 25℃ 이하로 식힌다.

3
2의 시럽을 짤주머니에 넣고 만들어 둔 밀크초콜릿 몰드에 90% 채운다.

4
전분과 분당을 섞은 다음 시럽 위에 체를 사용하여 얇게 뿌린다.
시럽이 전분과 분당을 흡수하여 얇은 막을 생성하기 때문에 무겁지 않게 뿌린다.

5
24시간 뒤에 붓으로 가루를 털어낸 다음 템퍼링한 밀크초콜릿을 채워 마무리한다.

캐러멜 크림
Caramel cream

재료 |30개 분량|

레몬 주스	1.5g
설탕	142g
생크림	72g
버터	10g
칼바도스	5g
몰딩용 다크초콜릿	

1
냄비에 레몬 주스를 넣고 설탕을 여러 번 나누어 넣으며 캐러멜화한다.

2
1에 미리 데워둔 생크림을 조금씩 흘려 넣는다.
한 번에 많은 양을 넣게 되면 넘쳐흐르거나 덩어리질 수 있다.

3
불에서 냄비를 내린 다음 부드러운 상태의 버터를 넣고 고루 섞는다.

4
버터가 균일하게 섞이면 칼바도스를 넣고 섞는다.

5
다른 용기에 옮겨 28℃까지 식힌다.

6
5의 크림을 짤주머니에 넣고 만들어둔 다크초콜릿 몰드에 90% 채운다.

7
크림이 굳으면 템퍼링한 다크초콜릿을 채운다.

8
스크레이퍼로 몰드 윗면과 주변을 정리한다.

체리 봉봉
Cherry bonbon

재료 |37개 분량|

퐁당	250g
브랜디	적당량
전화당	1.5g
브랜디로 숙성시킨 체리	37개
디핑용 다크초콜릿 및 디스크	
초코 크런키	

1
볼에 퐁당을 넣고 70℃로 중탕한다.

2
1에 브랜디를 여러 번 적당한 되기가 될 때까지 넣어준다.

3
2에 전화당을 넣고 섞는다. 스푼으로 떠서 떨어뜨릴 때, 물처럼 흘러내리지 않고 무게감 있게 떨어지는 정도가 작업성에 좋다.

4
3에 브랜디로 숙성시킨 체리를 90%까지 담그고 빼낸다.

5
4를 OPP시트를 깐 아크릴판에 올려 피막을 굳힌다.

6
OPP시트를 깐 아크릴판에 템퍼링한 다크초콜릿을 1mm 두께로 편다.

7
체리 지름 크기의 원형커터를 사용해 디스크를 찍어낸다.

8
5의 피막이 굳으면 템퍼링한 다크초콜릿에 체리를 완전히 디핑한다.

9
디핑한 체리를 바로 디스크에 올려 굳힌다.

10
9의 아랫부분만 템퍼링한 다크초콜릿에 디핑한다.

11
디핑이 굳기 전에 초코 크런키로 커버한다.

솔트 캐러멜
Salt caramel

재료 |40개 분량|

물엿	150g
설탕A	200g
트리몰린	12g
생크림	225g
바닐라 빈	1/4개
설탕B	32g
소금	1g
버터	15g
카카오버터	8g
디핑용 다크초콜릿	
굵은 소금	

* 가나슈 사이즈 : 2.5×5×0.8㎝

1
냄비에 물엿과 설탕A의 절반을 넣고 색이 날 때까지 약한 불로 캐러멜화한다.

2
1에 나머지 설탕A와 트리몰린을 넣는다.

3
2에 데운 생크림과 바닐라 빈을 넣고 섞는다.

4
3에 설탕B를 넣고 고루 섞는다.

5
120℃까지 가열한다.

6
냄비를 불에서 내린 다음 소금을 넣는다.

7
부드러운 상태의 버터와 카카오버터를 넣고 녹인다.

8
테프론시트를 깐 틀에 붓고 실온에서 완전히 식힌다.

9
테프론시트를 제거한 다음 2.5×5㎝ 사이즈로 재단한다.

10
디핑포크를 이용하여 템퍼링한 다크초콜릿에 디핑한다.

11
디핑이 굳기 전에 굵은 소금을 올려 마무리한다.

퐁세
Foncé

재료 |25개 분량|

구운 아몬드 슬라이스	100g
밀크초콜릿	97g

1
볼에 구워 놓은 아몬드 슬라이
스와 템퍼링한 밀크초콜릿을
넣고 섞는다.
아몬드 슬라이스가 부서지지 않도록
조심히 섞는다.

2
스푼으로 떠서 유산지 컵에 산
모양으로 담는다.

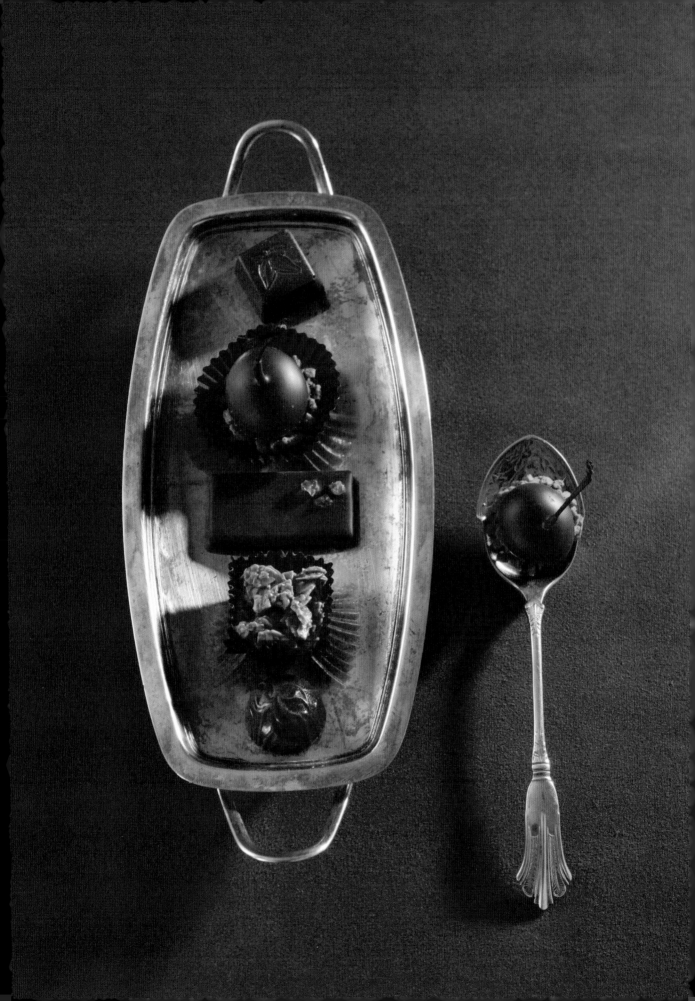

chapter 03

Chocolate Bar & Ornament
초콜릿바 & 장식물

초콜릿바 초코 롤리팝 • 월넛 브리틀 • 프루츠바 • 스위스 로셰 • 너츠바 • 푀양틴바 • 허브바 • 카카오닙 세서미 초콜릿 신 • 플로랑탱 **장식물** 전사지 • 나비 • 빨간 리본 • 초콜릿 구 • 시가레트 • 부채 • 반달 꽃잎 • 스프링 • 빗 • 나뭇결 • 필름 • 스파이럴

초코 롤리팝
Choco rollipop

재료 |60개 분량|

초콜릿	200g
구운 너츠*	60g
건조 과일**	35g
롤리팝 스틱	60개

*
구운 너츠는 통 헤이즐넛, 다진 피스타치오, 아몬드 등을 사용한다.

**
건조 과일은 건 크랜베리, 블루베리 등을 사용한다.

1
템퍼링한 초콜릿을 짤주머니에 넣고 OPP시트 위에 원형으로 짠다.

2
초콜릿이 굳기 전에 스틱을 위에 얹는다.

3
스틱에 눌린 부분을 초콜릿으로 덮는다.

4
구운 너츠와 건조 과일을 적당량 뿌린다.

월넛 브리틀
Walnut brittle

재료

설탕	80g
물엿	30g
버터	40g
호두 분태	100g
코팅용 밀크초콜릿	

1
냄비에 설탕, 물엿, 버터를 넣고 가열하여 녹인 다음 호두 분태를 넣고 골고루 코팅한다.

2
실리콘패드에 펼쳐 200℃ 오븐에서 8분간 캐러멜색이 날 때까지 굽는다.

3
오븐에서 꺼내 완전히 식힌 다음 원하는 크기로 부수어 템퍼링한 밀크초콜릿에 디핑한다.

4
디핑한 초콜릿을 OPP시트에 올려 굳힌다.

프루츠바
Fruit bar

재료 |3개 분량|

오렌지 전처리

설탕	260g
물	200g
오렌지	2개

다크 또는 화이트초콜릿	250g
건조 과일*	
다진 피스타치오	
핑크 슈거	

*
건조 과일은 건조 블루베리, 크랜베리, 건조 망고 등을 사용한다.

레몬(오렌지) 전처리

1
끓기 시작한 설탕물에 슬라이스한 레몬(오렌지)을 넣고, 약불로 5분간 가열한 다음 70℃ 오븐에 시럽이 마를 때까지 넣어둔다.

프루츠바

1
초콜릿바 모형 몰드에 템퍼링한 초콜릿을 채우고, 스크레이퍼로 주변을 정리한다.

2
초콜릿이 완전히 굳기 전에 건조 과일과 전처리한 오렌지를 올린다.

3
남은 여백에 다진 피스타치오와 핑크 슈거를 뿌려 마무리한다.

스위스 로셰
Swiss rocher

재료

물	11g
설탕	40g
칼 아몬드	100g
무염버터	5g
다크 또는 밀크초콜릿	125g

1
냄비에 물과 설탕을 함께 넣고 116℃까지 끓인 다음, 칼 아몬드를 넣고 골고루 코팅한다.

2
캐러멜색이 나면 냄비를 불에서 내린 다음 부드러운 상태의 버터를 넣고 균일하게 코팅한다.

3
테프론시트에 펼쳐 완전히 식힌 다음 템퍼링한 초콜릿에 넣고 섞는다.

4
스푼으로 한입 크기만큼 덜어 OPP시트 위에서 모양을 잡아 굳힌다.

너츠바
nuts bar

초콜릿바 • Chocolate Bar

재료 |3개 분량|

A. 칼 아몬드 전처리

물	50g	다크 또는 화이트초콜릿	250g
설탕	20g	다진 피스타치오	
칼 아몬드	100g	카카오닙	
버터	5g	검은깨	

B. 호두 분태 전처리 100g

물	50g
설탕	20g
호두 분태	100g
버터	5g

A. 칼 아몬드 전처리

1 냄비에 물과 설탕을 넣고 116℃까지 끓인 다음 칼 아몬드를 넣고 캐러멜 색이 날 때까지 볶는다.

2 냄비를 불에서 내린 다음 부드러운 상태의 버터를 넣고 균일하게 코팅한다.

B. 호두 전처리

3 테프론시트에 펼쳐 식힌다. 칼 아몬드가 5개 이상 뭉치지 않도록 한다.

1 냄비에 물과 설탕을 넣고 116℃까지 끓인 다음 호두 분태를 넣고 골고루 코팅한다.

2 호두에 하얀 막이 형성돼 결정화될 때까지 볶는다.

3 결정화되면 불에서 내린 다음 부드러운 상태의 버터를 넣고 섞는다.

마무리

4 테프론시트에 펼쳐 식힌다.

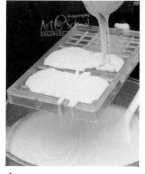

1 초콜릿바 모형 몰드에 템퍼링한 초콜릿을 채운 다음 스크레이퍼로 몰드 주변을 정리한다.

2 초콜릿이 완전히 굳기 전에 전처리한 호두와 다진 피스타치오를 뿌린다.

3 다른 바 초콜릿에 칼 아몬드와 카카오닙 또는 검은깨를 뿌린다.

퇴양틴바
Feuillantine bar

재료 |7개 분량|

밀크초콜릿	75g
아몬드 프랄린	50g
푀양틴	65g
몰딩용 밀크초콜릿	

몰드 준비하기

1
몰드에 템퍼링한 밀크초콜릿을 채운 다음 스크레이퍼로 몰드의 양쪽에 충격을 가해 공기를 뺀다.

2
몰드를 수평으로 뒤집어 초콜릿을 쏟아낸다.

3
스크레이퍼로 몰드 주변을 정리한다.

4
몰드를 뒤집어 초콜릿 피막을 굳힌다.

푀양틴바

1
녹인 밀크초콜릿에 아몬드 프랄린을 넣고 섞는다.

2
푀양틴을 넣고 부쉬지지 않게 섞는다.

3
만들어둔 몰드에 2를 80~90% 채우고 스패튤러로 윗면을 정리한다.

4
템퍼링한 밀크초콜릿을 채워 마무리한다.

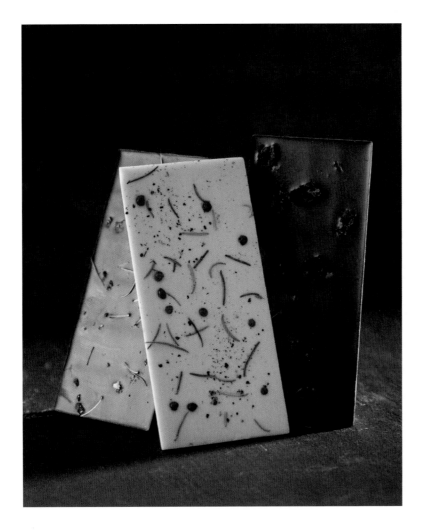

허브바
Herb bar

재료 |3개 분량|

A. 로즈마리 & 솔트

다크초콜릿	250g
건조 로즈마리	2.5g
크리스탈 솔트	1g

B. 바질 & 블랙페퍼

다크초콜릿	250g
바질	3g
카카오버터	15g
통후추	1g

*
건조 로즈마리와 크리스탈 솔트 대신
바질과 통후추를 뿌리면 바질 & 블랙
페퍼 허브바가 된다.

**
허브 향 추출 방법
60℃로 중탕한 카카오버터(15g)에 허
브(3g)를 넣고 하룻밤 우려낸다. 다음
날 냄비로 옮겨 가열한 다음 체로 걸
러내 다크초콜릿에 섞어 템퍼링한다.

1
몰드에 템퍼링한 다크초콜릿을
채운다.

2
스크레이퍼로 몰드 주변을 정
리한 다음 양쪽에 충격을 가해
공기를 뺀다.

3
초콜릿이 굳기 전에 건조 로즈
마리를 뿌린 다음 여백에 크리
스탈 솔트를 뿌린다.

4
냉장고에 넣어 초콜릿이 수축
하면 몰드에서 빼낸다.

카카오닙 세서미 초콜릿 신
Chocolate thin

재료

밀크 또는 화이트초콜릿	250g
카카오닙	15g
흰깨	25g
검은깨	25g

1
템퍼링한 초콜릿을 OPP시트를 깐 아크릴 판에 붓는다.

2
스패튤러를 사용하여 초콜릿을 얇게 편다.

3
초콜릿이 굳기 전에 카카오닙을 뿌린다.

4
남은 여백에 깨를 뿌린다.

플로랑탱
Florentin

재료 |35개 분량|

버터	15g	생크림	38g	다진 헤이즐넛	30g
설탕	44g	슬라이스 아몬드	30g	다크 또는 화이트초콜릿	300g
박력분	6g	크랜베리	44g		

1
냄비에 버터를 넣고 약불로 녹
인 다음 불에서 내린다.

2
1에 설탕과 박력분을 넣고 덩어
리지지 않게 섞는다.

3
생크림을 넣고 덩어리지지 않게
섞는다.

4
슬라이스 아몬드, 크랜베리, 다
진 헤이즐넛을 넣고 버무려 골
고루 코팅한다.

5
4를 실리콘 틀에 80% 정도 눌
러 담아 200℃ 오븐에서 10분
동안 색이 날 때까지 굽는다.
다 구워진 플로랑탱은 초콜릿 작업 전
에 완전히 식힌다.

6
플로랑탱 크기보다 조금 더 큰
원형 초콜릿 몰드에 템퍼링한
초콜릿을 80%가 넘지 않도록
짠다.

7
초콜릿이 완전히 굳기 전에 플
로랑탱을 올려 굳힌다.

전사지
Transfer sheet

1
전사지 위에 템퍼링한 초콜릿을 적당량 붓는다.

2
스패튤러를 사용해 전사지 밑바탕이 살짝 비칠 만큼 얇게 편 다음 커터칼 등을 이용해 전사지 끝부분을 들어 조심스럽게 떼어낸다.

3
가이드라인과 자를 사용하여 직선과 대각선으로 재단한다. 살짝 윗면이 굳이 초콜릿 피막이 얇게 형성되었을 때 재단한다.

4
4를 원하는 굵기의 봉으로 말아 굳힌다.

나비
Butterfly

1

나비 무늬 도안에 물을 살짝 흩
뿌려 OPP시트를 붙인다.
원하는 도안을 프린트하여 코팅해서
사용하면 오랫동안 사용 할 수 있다.

2

템퍼링한 다크초콜릿을 나비의
윤곽을 따라 그린다.

3

다크초콜릿이 굳으면 화이트초
콜릿으로 나비 윤곽선 안쪽을
채운다.

빨간 리본
Red ribbon

1
전사지에 붉은 색소를 피스톨
레하여 만든 붉은 전사지에 다
음 붓에 금분을 묻혀 얇게 펴
바른다
붓에 카카오버터를 녹여 바르면 금분
이 오래 붙어 있는다.

2
전사지 위에 템퍼링한 다크초
콜릿을 적당량 부은 다음 스패
튤러를 사용해 원하는 두께만
큼 얇게 펴 바른다.
너무 두꺼우면 작업성이 떨어진다.

3
바닥에서 떼어내 가이드라인과
자를 이용하여 초콜릿을 재단
한다.

4
원하는 굵기의 원통을 이용하
여 둥글게 만다.

초콜릿 구
Sphere

1
초콜릿 몰드에 동분 파우더를 붓으로 얇게 발라준다.

2
녹색 초콜릿 색소분과 카카오 버터를 섞어 에어브러시로 피스톨레 한다.

3
색소가 굳으면 다시 동분을 발라준다.

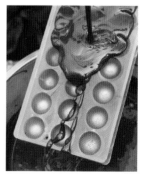

4
몰드에 템퍼링한 다크 초콜릿을 채운 다음 몰드를 수평으로 뒤집어 초콜릿을 쏟아낸 다음 굳으면 사용한다.

시가레트
Cigarette

1
대리석 위에 템퍼링한 화이트 초콜릿으로 원하는 굵기의 지 그재그 선을 그린다.

2
선이 굳으면 템퍼링한 다크초 콜릿을 부어 얇게 바른다.

3
스크레이퍼를 이용해서 좌우 를 깨끗하게 정리한다.

4
스크레이퍼로 원하는 길이만큼 바닥면을 밀듯이 긁어내며 둥 글게 만든다.
양손으로 스크레이퍼 윗면을 살짝 누른 상태에서 밀어내면 쉽게 말린다.

부채
Fan shape

1
템퍼링한 다크초콜릿을 대리석
위에 부어 3㎜이상 두께로 편다.
너무 얇거나 너무 두껍지 않게 펴야
작업성에 좋다.

2
스크레이퍼로 주변을 깔끔하게
정리하고 살짝 윗면에 피막이
생길 정도로 굳힌다.

3
왼쪽 검지를 스크레이퍼에 고
정시키고 오른손으로 일정한
힘을 주어 밀면서 부채 모양을
만든다.
고정시킨 손가락이 초콜릿을 뭉치게
해 부채의 손잡이 부분이 된다.

반달 꽃잎
Half petal

1
작업대에 알코올을 뿌려 OPP
시트를 고정시키고 원하는 크
기만큼의 원형을 짠다.

2
원형 윗부분에서 살짝 떨어진
지점에 스패튤러로 살짝 누른
후 몸쪽으로 쓸어내린다.
쓸어내릴 때 너무 얇게 밀지 않는다.
시트에서 떼어낼 때 부서지게 된다.

스프링
Spring

1
금속 막대를 OPP시트 위에 올
려 고정하고 템퍼링한 초콜릿
을 붓는다.

2
페뉴를 이용하여 초콜릿을 직
선으로 한 번에 밀어편다.

3
얇게 초콜릿 피막만 생긴 상태
가 되면 OPP시트를 떼어낸다.

4
원통에 비스듬히 시트가 겹치
지 않게 말고 굳으면 원통을 제
거한다.

빗
Comb

1
OPP시트에 템퍼링한 초콜릿을 적당량 붓는다.

2
시트 끝부분을 잡고 톱니 스크 레이퍼를 이용하여 초콜릿을 밀어 편다.

3
스패튤러를 이용하여 왼쪽 끝 부분을 깔끔하게 이어준다. OPP시트를 제거해도 빗살무니 형태 를 유지할 수 있도록 하는 과정이다.

4
얇게 초콜릿 피막이 생긴 상태 가 되면 원통에 반원 형태로 만 다.

나뭇결
Wood

1
OPP시트 위에 템퍼링한 화이트초콜릿을 길게 부은 다음 나뭇결메이커를 이용해 굴곡을 넣는 스냅동작을 반복하여 밀어 편다.

2
바닥에서 시트를 떼어내고 굳힌다.

3
2 위에 템퍼링한 다크초콜릿을 부은 다음 스패튤러로 초콜릿을 얇게 펼친다.

4
바닥에서 시트를 떼어낸 다음 70% 가량 굳으면 자를 대고 사용할 크기로 재단한다.

필름
Film

1
OPP시트를 깔고 템퍼링한 초콜릿을 펴 바른다.

2
페뉴를 사용하여 위에서 아래로 긁어 내린다.

3
곧바로 가로로 교차선을 긋는다.

4
두 개의 원통 사이에 걸쳐 물결 모양으로 굳힌다.

스파이럴
Spiral

1
OPP시트를 깔고 템퍼링한 화이트 초콜릿을 적당량 부은 다음 삼각 페뉴를 이용하여 밀어 편다.

2
화이트 초콜릿이 굳으면 위에 템퍼링한 다크초콜릿을 펴 바른다.

3
굳기 전에 시트의 끝을 들어올려 조심스럽게 떼어낸다.

4
초콜릿이 살짝 굳으면 원통을 이용하여 비스듬히 만다.
시트가 겹치지 않도록 주의하며 만다.

chapter 04

Entremet & Biscuit
앙트르메 & 구움과자

앙트르메 초코 라테·캐러멜 패션망고·초코 바나나 롤
케이크·**구움과자** 초코 마들렌·피낭시에·브라우니·
초콜릿 마카롱·초코 헤이즐넛 쿠키·초콜릿 슈·초콜릿
퐁당·클래식 쇼콜라

초코 라테
Choco latte

재료

A. 헤이즐넛 다쿠아즈

흰자	125g
설탕	30g
아몬드 파우더	35g
헤이즐넛 파우더	40g
박력분	25g
분당	63g

B. 커피 부르레 크림(2개 분량)

커피원두	60g
생크림	300g
우유	200g

노른자	100g
설탕	56g
판젤라틴	5g

C. 푀양틴 화이트초콜릿

물	10g
설탕	20g
호두 분태	60g
푀양틴	55g
헤이즐넛 프랄린	55g

버터	11g
화이트초콜릿	33g

D. 다크초콜릿 글라사주

물	560g
나파주	880g
코코아 파우더	126g
설탕	410g
다크초콜릿 64%	126g

코팅용 다크초콜릿	126g
판젤라틴	60g

E. 커피 초콜릿 무스

설탕	66g
물	60g
노른자	120g
달걀(전란)	50g
판젤라틴	4g
다크초콜릿 56%	400g
생크림	500g
칼루아	18g

A. 헤이즐넛 다쿠아즈

1
믹싱볼에 흰자와 설탕을 넣고 머랭을 만든다.
거품기를 들었을 때 뿔 끝이 살짝 휠 정도까지 믹싱한다.

2
아몬드 파우더, 헤이즐넛 파우더, 박력분, 분당을 함께 체쳐 준비한다.

3
2에 머랭의 1/3을 넣고 섞은 다음 나머지 머랭을 모두 넣고 섞는다.

4
테프론시트를 깐 철판(30×40cm)에 스페튤러로 펴 바른 다음 170℃ 오븐에 12분 동안 구워 다쿠아즈를 완성한다.

5
식은 다쿠아즈를 세르클 2호로 찍어낸다.

B. 커피 부르레 크림

1
냄비에 원두, 생크림, 우유를 넣고 섞는다.

2
약불에서 5분 이상 가열하여 향을 우린다.

3
체로 원두를 걸러낸 다음 80℃ 이하로 온도를 내린다.

4
볼에 노른자를 푼 다음 설탕을 넣고 섞는다.

5
3의 원두크림을 4에 조금씩 흘려 넣으며 섞는다.

6
5를 냄비에 담아 앙글레즈한다.

7
6에 찬물에 불린 젤라틴을 넣어 섞는다.

8
체를 사용하여 7를 거른다.

9
바닥을 랩으로 싼 세르클(지름 18cm)에 8의 크림을 부어 냉동실에서 굳힌다.

10
크림이 굳으면 칼을 사용하여 세르클에서 분리한다.

C. 푀양틴 화이트초콜릿

1
냄비에 물과 설탕을 넣고 가열한다.

2
1에 호두 분태를 넣고 결정화될 때까지 볶는다.

3
볼에 푀양틴, 헤이즐넛 프랄린, 버터, 화이트초콜릿, 2의 호두를 넣고 섞는다.

4
세르클(지름 15cm)에 1cm 높이로 평평히 깔아 냉동실에서 굳힌다.

5
완전히 굳으면 세르클에서 분리한다.

126

D. 다크초콜릿 글라사주

1
냄비에 물과 나파주를 넣고 가열한다.

2
1이 끓기 시작하면 코코아 파우더와 설탕을 넣고 거품기로 잘 섞는다.

3
불에서 내린 다음 다크초콜릿과 코팅용 다크초콜릿을 넣고 섞는다.

4
찬물에 불린 젤라틴을 넣고 골고루 섞는다.

E. 커피 초콜릿 무스

5
체를 사용하여 4를 볼에 거른 다음 식힌다.
30℃ 이하로 떨어지면 작업성이 떨어지므로 사용할 때는 30℃ 이상으로 올려 사용한다.

1
냄비에 설탕과 물을 넣고 설탕이 녹을 때까지 가열한다.

2
볼에 노른자와 달걀을 넣고 고루 섞이도록 푼다.

3
80℃ 이하로 식힌 1의 시럽을 2에 조금씩 넣으며 섞는다.
달걀이 익지 않도록 시럽의 온도를 80℃ 이하로 내려 사용한다

4
3을 냄비에 담아 82℃까지 가열한다.

5
냄비를 불에서 내려 온도를 조금 내린 다음 찬물에 불린 젤라틴을 넣는다.

6
체로 5를 거른 다음 중탕하여 녹인 다크초콜릿에 넣고 섞는다.

7
6을 스탠드믹서로 유화시킨다.

8
생크림을 60% 정도 휘핑한 다음 칼루아를 넣고 섞는다.

9
생크림의 1/3을 덜어 7과 함께 섞는다.

10
나머지 생크림을 넣어 볼륨이 죽지 않도록 조심하며 고루 섞는다.

1
세르클에 E(커피 초콜릿 무스)를 절반 높이만큼 채운다.

2
B(커피 부르레 크림)를 1의 중심에 놓는다.

3
짤주머니에 E(커피 초콜릿 무스)를 담아 B(커피 부르레 크림)를 덮는다.

4
C(쀠양틴 화이트초콜릿)를 3의 중심에 놓는다.

5
짤주머니에 E(커피 초콜릿 무스)를 담아 C(쀠양틴 화이트 초콜릿)를 덮는다.

6
A(헤이즐넛 다쿠아즈)를 5의 중심에 올리고 살짝 누른 다음 냉장고에서 굳힌다.
다쿠아즈는 무스의 바닥이 되므로 무스와 일직선으로 포개지도록 눌러준다.

7
볼을 받친 식힘망 위에 굳은 무스를 올린 다음 D(다크초콜릿 글라사주)로 커버한다.

8
스패튤러로 표면을 평평하게 정리한다.
자국이 남지 않도록 1~2회 안에 쓸어 정리할 수 있도록 한다.

9
글라사주가 건조되어 얇게 피막이 형성되면 초콜릿 장식물을 올려 완성한다.

캐러멜 패션망고
Caramel passion mango

재료

A. 망고패션

달걀(전란)	182g
노른자	142g
설탕	120g
망고 퓌레	62g
패션 퓌레	324g
판젤라틴	8g
버터	182g

B. 초콜릿 파트 사블레

버터	250g
설탕	160g
노른자	100g
중력분	240g
코코아 파우더	60g
아몬드 파우더	50g
베이킹 파우더	2g
소금	2g

C. 초콜릿 제누아즈

박력분	54g
코코아 파우더	14g
달걀(전란)	90g
설탕	70g
우유	32g
무염버터	15g

D. 캐러멜 무스 크림

설탕	61g
생크림A	118g

노른자	84g
판젤라틴	4g
밀크초콜릿	215g
생크림B	441g

E. 캐러멜 글라사주

설탕	255g
물엿	50g
생크림	500g
판젤라틴	12g

A. 망고패션

1
볼에 달걀과 노른자를 넣고 섞은 다음 설탕을 넣어 멍울이 지지 않게 풀어준다.

2
냄비에 망고 퓌레와 패션 퓌레를 넣고 가열한다.

3
2의 온도를 80℃ 이하로 낮춘 다음 1에 나누어 넣고 섞는다.

4
3을 냄비에 옮겨 가열한다. 멍울이 지지 않도록 계속 저어주고, 80℃를 넘지 않도록 주의한다.

5
냄비를 불에서 내린 다음 찬물에 불린 젤라틴을 넣고 녹인다.

6
5를 체에 거른 다음 45℃ 전후로 식힌다.

7
6에 부드러운 상태의 버터를 넣어 섞는다.

8
바닥을 랩으로 싼 2호 세르클에 7을 1㎝ 정도 채우고 냉장고에서 굳힌다.

9

굳으면 칼을 사용하여 세르클에서 분리한다.

B. 초콜릿 파트 사블레

1

볼에 부드러운 상태의 버터와 설탕을 넣고 섞는다.

2

노른자를 푼 다음 1에 나눠 넣으며 섞는다.

3

2에 중력분, 코코아 파우더, 아몬드 파우더, 베이킹 파우더, 소금을 넣고 섞는다.

4

냉장고에서 20~30분 동안 휴지시킨다.

5

4를 테프론시트에 놓고 밀어 편 다음 냉동고에서 15분 동안 다시 휴지시킨다.

6

2호 세르클로 찍어낸 다음 윗불 170℃, 아랫불 165℃ 오븐에서 8분 동안 굽는다.

C. 초콜릿 제누아즈

1

박력분과 코코아 파우더를 함께 체 쳐 둔다.

2

볼에 달걀과 설탕을 넣고 설탕이 녹을 때까지 휘핑한다.

3

2가 아이보리색이 나고 볼륨이 생길 때까지 테이블믹서로 믹싱한다.

4

3에 1을 넣고 거품이 죽지 않도록 유의하며 섞는다.

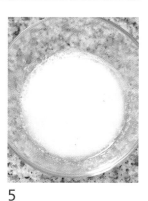

5

40℃로 데운 우유와 부드러운 상태의 버터를 4에 넣고 섞는다.

6
유산지를 깐 제누아즈 틀에 반죽을 부은 다음 공기를 빼고 175℃ 오븐에서 30분간 굽는다.

7
구워져 나온 제누아즈를 식힌 다음 1㎝ 두께로 자른다.

1
냄비에 설탕을 넣고 캐러멜화한다.

2
1에 데운 생크림A를 넣고 섞는다.

3
볼에 노른자를 푼 다음 2를 조금씩 나누어 넣으며 섞는다.

4
3을 냄비에 넣고 80℃까지 가열한다.

5
불에서 내려 50℃ 전후로 온도를 낮춘 다음, 찬물에 불린 젤라틴을 넣고 녹인다.

6
녹여둔 밀크초콜릿을 체에 거른 다음 5에 넣고 섞는다.

7
6을 스탠드믹서를 이용하여 유화시킨다.

8
생크림B를 60~70% 휘핑한다.

9
8의 생크림 1/3을 7에 넣고 섞는다.

10
나머지 생크림을 넣고 볼륨이 죽지 않게 균일하게 섞는다.

1
냄비에 설탕과 물엿을 넣고 캐러멜화한다.

2
1에 가열한 생크림을 넣는다.

3
캐러멜이 60℃까지 떨어지면 찬물에 불린 젤라틴을 넣고 녹인다.

4
3을 체에 거른다.

마무리

1
바닥을 랩으로 감싼 세르클에 D(캐러멜 무스 크림)를 40% 채운다.

2
1에 재단한 C(초콜릿 제누아즈)를 올린다.

3
C(초콜릿 제누아즈) 위에 D(캐러멜 무스 크림)를 1㎝ 가량 채워 넣는다.

4
3 위에 A(망고패션)를 올린다.

5
A(망고패션) 위에 다시 D(캐러멜 무스 크림)를 90% 채운다.

6
5 위에 B(초콜릿 파트 사블레)를 올리고 윗면을 정리한 다음 냉동고에서 굳힌다.

7
6을 E(캐러멜 글라사주)로 골고루 코팅한다.
공기방울이 남지 않도록 마무리한다.

8
준비해둔 초콜릿 장식물을 올려 앙트르메를 완성한다.

초코 바나나 롤케이크
Choco banana roll cake

재료

A. 호두 캐러멜

설탕	24g
물	12g
호두 분태	75g

B. 캐러멜 바나나

설탕	20g
우유	15g
생크림	12.5g
바나나	60g

C. 초콜릿 크림

생크림A	135g
전화당	15g
물엿	15g
다크초콜릿 55%	84g
생크림B	270g

D. 초콜릿 제누아즈

달걀	300g
설탕	200g
박력분	90g
코코아 파우더	30g
우유	36g
버터	30g

A. 호두 캐러멜

1
냄비에 설탕과 물을 넣고 104℃까지 가열한다.

2
호두 분태를 넣고 수분이 없어질 때까지 볶아 결정화한다.

3
테프론시트에 펼쳐 식힌 다음 용기에 담아 보관한다.

B. 캐러멜 바나나

1
냄비에 설탕을 넣고 캐러멜화한 다음 미리 데워둔 우유와 생크림을 넣어 섞는다.

2
냄비를 불에서 내린 다음 한입 크기로 자른 바나나 조각을 넣어 가볍게 섞는다.

C. 초콜릿 생크림

1
생크림A, 전화당, 물엿을 함께 섞어 데운다.

2
중탕으로 녹인 초콜릿에 1의 크림 30%를 넣고 섞는다.

3
나머지 크림을 모두 넣어 섞은 다음 냉장고에 보관한다.

4

믹서에 생크림B와 3을 넣어 휘 핑한다.

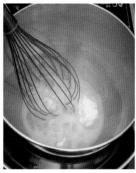

1

볼에 달걀과 설탕을 넣고 설탕 이 녹을 때까지 휘핑한다.

2

1이 아이보리색이 나고 볼륨이 생길 때까지 테이블믹서로 믹 싱한다.

3

체 친 박력분과 코코아 파우더 를 넣고 거품이 죽지 않도록 유 의하며 섞는다.

마무리

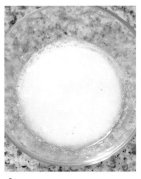

4

40℃까지 데운 우유와 버터를 3 에 넣고 섞은 다음 유산지를 깐 철판(30×40㎝)에 부어 175℃ 오븐에서 30분간 굽는다.

1

D(초콜릿 제누아즈)의 유산지 를 떼어내고 새로운 유산지 위 에 올린다.

2

D(초콜릿 제누아즈) 위에 C(초 콜릿 크림)를 전량 균일하게 펴 바른다.

3

접기를 시작할 부분에 1㎝ 간격 으로 세 번 칼집을 낸다.

4

시트의 아래쪽 1/4 지점에 A(호두 캐러멜)를 한줄로 넓게 뿌린다.

5

시트의 중간 지점에 B(캐러멜 바나나)를 한 줄로 올린다.

6

칼집을 낸 부분을 살짝 접은 다 음 조심스럽게 만다.
유산지 끝을 잡은 상태로 말면 균일하 게 힘을 가할 수 있다.

7

균일한 롤 모양을 내기 위해 바 게트 판에 올려서 냉장고에 굳 힌다.

초코 마들렌
Choco madeleine

재료 |30개 분량|

노른자	260g
설탕	200g
박력분	180g
코코아 파우더	36g
베이킹 파우더	5g
버터	180g
다크초콜릿 70%	35g
카카오닙	15g
녹인 버터	적당량

1
노른자를 풀고 설탕을 넣어 섞은 다음 함께 체 친 박력분, 코코아 파우더, 베이킹 파우더를 넣고 섞는다.

2
1에 완전히 녹인 버터를 두 번 나누어 넣는다.

3
녹인 다크초콜릿을 넣고 섞은 다음 1시간 동안 실온에서 휴지시킨다.

4
버터를 바른 마들렌 팬에 85~90% 채우고 카카오닙을 뿌린 다음 윗불 185℃, 아랫불 180℃에서 8~10분 동안 굽는다.

피낭시에
Financier

재료 |30개 분량|

A. 가나슈

다크초콜릿 58.2%	80g
우유	30g
다크 럼	8g

B. 헤이즐넛 버터

발효버터	200g

C. 본 반죽

흰자	240g
설탕	240g
소금	1g
박력분	72g
아몬드 파우더	56g
헤이즐넛 파우더	32g
코코아 파우더	32g
베이킹 파우더	4g

A. 가나슈

1 녹인 다크초콜릿에 따뜻한 우유를 분리되지 않게 고루 섞는다.

2 다크 럼을 넣고 골고루 섞는다.

B. 헤이즐넛 버터

1 버터를 냄비에 넣고 약불에서 가열한다.

2 거품기로 저어가며 황갈색이 날 때까지 가열한다.

3 2를 체에 받쳐 볼에 거른다.

C. 본 반죽

1 거품기로 흰자를 살짝 푼 다음 설탕과 소금을 넣고 녹을 때까지 섞어준다.

2 나머지 가루 재료를 모두 체 쳐 넣고 가루가 보이지 않을 때까지 섞는다.

3 A(가나슈)를 넣고 섞는다.

4 B(헤이즐넛 버터)를 80℃ 정도로 식혀 넣고 섞는다.

5 짤주머니에 담아 피낭시에 팬에 채우고 220℃ 오븐에서 6분 동안 구운 다음 135℃로 내려 5분 동안 굽는다.

브라우니
Brownie

재료 |25개 분량|

버터	440g	다크초콜릿 65%	340g
설탕	600g	박력분	120g
소금	4g	호두 분태	400g
달걀	400g		

1
볼에 부드러운 상태의 버터와 설탕, 소금을 넣고 섞는다.

2
분리되지 않게 달걀을 조금씩 넣어가며 테이블믹서로 섞는다.

3
녹인 다크초콜릿을 넣은 다음 실리콘 주걱으로 섞는다.

4
체 친 박력분을 넣고 섞는다.

5
호두 분태를 넣고 섞는다.

6
유산지컵에 80% 정도 넣고 190℃ 오븐에서 15~20분 동안 굽는다.

초콜릿 마카롱
Chocolate macaron

A. 마카롱 셸

1

냄비에 물과 설탕A를 넣고 114℃까지 끓여 시럽을 만든다.

시럽이 95℃를 넘기기 시작할 때 머랭 믹싱을 시작한다. 미리 시럽을 만들어 두면 온도가 떨어져 굳으므로 작업 시 사용이 불가능하다.

2

테이블믹서에 흰자A, 설탕B, 분말 건조 흰자를 넣고 천천히 머랭을 올린다.

3

머랭의 부피가 커지기 시작하면 1을 믹서볼 가장자리에 천천히 흘려 부으며 고속으로 믹싱한다.

믹싱볼을 거꾸로 들었을 때 머랭이 떨어지지 않고 낚시 바늘 형태로 휘어지는 상태까지 믹싱한다.

4

아몬드 파우더, 슈거 파우더를 함께 체 친 다음 흰자B와 색소를 함께 섞어 페이스트 상태로 만든다.

재료 |25개 분량|

A. 마카롱 셸

물	30g
설탕A	100g
흰자A	38g
설탕B	100g
분말 건조 흰자	1g
아몬드 파우더	100g
슈거 파우더	100g
흰자B	38g
색소	적당량(약 5g)
카카오닙	적당량

B. 초콜릿 필링

생크림	117g
전화당	23g
다크초콜릿	116g
버터	40g

5
페이스트 상태의 4에 머랭을 한 주걱 넣어 섞어 부드럽게 만든다.

6
나머지 머랭을 모두 넣고 섞는다. 반죽을 들어 떨어뜨렸을 때 Y자 형으로 걸쭉하게 떨어지고 1~2초 정도 모양이 남아있는 상태까지 섞는다.

7
원형깍지를 낀 짤주머니에 담아 지름 4㎝로 짠다.

8
카카오닙을 조심히 올린 다음 실온에서 건조시켜 반죽의 윗면에 얇은 피막이 형성되면 140℃ 오븐에서 12분 동안 굽는다.

B. 초콜릿 필링

1
냄비에 생크림, 전화당을 함께 넣고 전화당이 녹을 때까지 가열한다.

2
다크초콜릿에 1을 붓고 섞는다.

3
2에 부드러운 상태의 버터를 넣고 섞는다.

4
스탠드믹서를 이용하여 유화시킨 다음 하루 숙성시켜 사용한다.

마무리

1
A(마카롱 셸) 아랫면에 B(초콜릿 필링)를 원하는 양만큼 샌딩한 다음 두 조각을 붙여 완성한다.

초코 헤이즐넛 쿠키
Choco hazelnut cookie

재료 |20〜23개분량|

버터	100g	구운 헤이즐넛	45g
분당	50g	다크초콜릿 65%	200g
달걀	50g	설탕	50g
박력분	150g	소금	1g
베이킹 파우더	1g		

1
볼에 부드러운 상태의 버터와
체 친 분당을 넣고 섞는다.

2
달걀을 조금씩 넣으며 섞는다.

3
함께 체 친 박력분과 베이킹 파
우더를 넣고 섞는다.

4
스탠드믹서로 구운 헤이즐넛을
작게 분쇄한다.

5
다크초콜릿을 분쇄하여 칩을
만든다.

6
3에 분쇄한 헤이즐넛, 설탕, 소
금, 5의 초코칩을 넣고 섞은 다
음 한 덩어리로 뭉쳐 1시간 동
안 냉장휴지시킨다.

7
테프론시트 위에 지름 3㎝ 크
기로 팬닝하고 175℃ 오븐에서
12~15분 동안 굽는다.

초콜릿 슈
Chocolate choux

재료 |약 25개 분량|

A. 슈

버터	125g
물	125g
우유	125g
설탕	8g
소금	3g
박력분	125g
코코아 파우더	25g
달걀	270g

B. 초코 커스터드 크림

우유	500g
바닐라빈	1/2개
설탕A	57g
노른자	120g
전분	25g
박력분	25g
설탕B	57g

C. 가나슈

다크초콜릿 70%	100g
생크림	100g

A. 슈

1
냄비에 버터, 물, 우유, 설탕, 소금을 함께 넣어 보글보글 끓을 때까지 가열한다.

2
함께 체 친 박력분, 코코아 파우더를 넣고 골고루 섞는다.

3
약불에 올려 반죽에 윤기가 날 때까지 섞으며 골고루 호화시킨다.

4
반죽을 볼에 옮긴 다음 섞은 달걀을 절반 가량 넣고 섞는다.

5
나머지 달걀로 반죽의 되기를 조절한다.
반죽을 들었다가 떨어뜨렸을 때 모양이 Y자가 되는 상태가 최적의 상태이다.

6
팬에 테프론시트를 깔고 지름 1cm 원형 깍지를 이용해서 지름 5cm 크기로 반죽을 팬닝한다.

7
포크를 이용하여 튀어나온 윗면을 정리한 다음 달걀물을 발라 200℃ 오븐에서 20분 동안 굽는다.

B. 커스터드 크림

1
냄비에 우유, 바닐라빈, 설탕A를 넣고 설탕이 녹을 때까지 가열한다.

2

다른 볼에 노른자를 푼 다음 함께 체 친 전분, 박력분과 설탕B를 넣고 덩어리지지 않게 섞는다.

3

1을 2에 1/3정도 넣고 섞은 다음 골고루 섞이면 나머지를 모두 넣고 섞는다.

4

다시 냄비에 옮겨 담아 윤기가 나면서 점성이 생길 때까지 저어가며 약불로 가열한다.

냄비 바닥에 커스터드 크림이 눌어 붙지 않도록 주의하며 가열한다.

5

바닐라빈을 건져낸 다음 커스터드 크림을 체에 걸러 식힌다.

얼음물을 커스터드 볼 아래에 받쳐서 식히면 빨리 식힐 수 있다.

C. 가나슈

1

녹인 다크초콜릿에 데운 생크림을 여러 번 나누어 넣으며 유화시킨다.

마무리

1

B(초코 커스터드 크림)와 C(가나슈)를 골고루 섞는다.

2

A(슈) 1/3 가량 윗부분을 칼로 잘라낸다.

3

별깍지를 끼운 짤주머니를 이용하여 B(초코 커스터드 크림)를 충전한 다음 잘라둔 윗부분을 비스듬하게 올린다.

초콜릿 퐁당
Fondant chocolate

재료 |10개 분량|

다크초콜릿 68%	183g
버터	150g
달걀	250g
설탕	175g
소금	1g
박력분	66g

* 세르클 사이즈 : 지름 6㎝

1
50℃까지 녹인 다크초콜릿에 녹인 버터를 넣고 섞는다.

2
다른 볼에 달걀과 설탕, 소금을 함께 넣고 덩어리지지 않게 섞는다.

3
2에 1을 붓고 섞은 다음 체 친 박력분을 넣고 덩어리지지 않게 고루 섞는다.

4
테프론시트를 두른 세르클에 반죽을 80% 정도 넣고 윗불 185℃, 아랫불 175℃ 오븐에서 7분간 굽는다.

클래식 쇼콜라
Chocolat classicque

재료 |2개 분량|

다크초콜릿 61%	200g	노른자	95g
버터	145g	박력분	10g
흰자	190g	코코아 파우더	55g
설탕	160g		

* 케이크 틀 사이즈 : 지름 15㎝

1

45~50℃로 녹인 다크초콜릿에 녹인 버터를 넣고 섞는다.

2

믹싱볼에 흰자와 설탕을 넣고 머랭을 95%까지 올린다.
단단하지만 뿔이 조금 휘는 상태.

3

1에 2의 머랭 1/3가량을 넣고 섞는다.

4

알끈을 제거한 노른자를 넣고 거품기로 고루 섞는다.

5

나머지 머랭을 넣고 주걱으로 마블상태가 될 때까지 섞는다.
완벽하게 섞이기 전에 박력분과 코코아 파우더를 섞어야 머랭 볼륨이 죽지 않는다.

6

체 친 박력분과 코코아 파우더를 넣고 골고루 섞는다.

7

케이크 틀에 틀보다 5㎝ 높은 유산지를 두른 다음 반죽을 반으로 나누어 넣고 170℃ 오븐에서 35분 동안 굽는다.

151

chapter 05

/

Plate Dessert & Drink
플레이트 디저트 & 음료

플레이트 디저트 프루티 초콜릿 케이크와 시트러스

베리 무스·포레누아르·블러디 파르페·**음료** 화이

트 모카 초콜릿·차이 티·캐러멜 드링크

프루티 초콜릿 케이크와 시트러스 베리 무스
Fruity chocolate cake & Citrus berry mousse

재료

• 프루티 초콜릿 케이크

A. 초콜릿 제누아즈

달걀	90g
설탕	70g
박력분	54g
코코아 파우더	14g
우유	32g
무염버터	15g

B. 크런치 프랄린

밀크초콜릿	25g
버터	3g
헤이즐넛 프랄린	25g
푀양틴	57g

C. 오렌지 초콜릿 크림

노른자	32g
설탕	11g
우유	89g
생크림	70g
판젤라틴	3g
밀크초콜릿	92g
헤이즐넛 프랄린	19g
오렌지 제스트	1g

D. 유자 망고 크림

노른자	28g
설탕	31g
유자 주스	48g
망고 퓌레	48g
판젤라틴	1.5g
유자 리큐어	7g
버터	36g

E. 캐러멜 초콜릿 무스

설탕	11g
소금	1g
생크림A	20g
노른자	15g
밀크초콜릿	29g
다크초콜릿	6g
판젤라틴	2.5g
생크림B	115g

F. 다크초콜릿 글라사주

물	560g
나파주	880g
코코아 파우더	126g
설탕	410g
다크초콜릿 64%	126g
코팅용 다크초콜릿	126g
판젤라틴	60g

• 시트러스 베리 무스

A. 라즈베리 젤리

라즈베리	155g
물	357g
설탕	105g
레몬즙	14g
판젤라틴	8.4g

B. 라즈베리 소스

라즈베리	125g
설탕	87.5g
판젤라틴	3.5g

C. 라임 무스

라임 껍질(또는 레몬 껍질)	1개분
우유	210g
설탕	175g
판젤라틴	9g
라임즙	88g
레몬즙	88g
생크림	350g

깍둑썰기한 사과(5mm)

• 프루티 초콜릿 케이크

A. 초콜릿 제누아즈

1
중탕볼에 달걀과 설탕을 넣고 설탕이 녹을 때까지 휘핑한다.

2
아이보리색이 나고 볼륨이 생길 때까지 테이블믹서로 믹싱한다.

3
2에 함께 체 친 박력분과 코코아 파우더를 넣고 거품이 죽지 않도록 유의하며 섞은 다음 40℃까지 데운 우유와 버터를 넣고 섞는다.

4
유산지를 깐 제누아즈 틀(1호 지름 15cm)에 반죽을 부은 다음 공기를 빼고 175℃ 오븐에서 30분간 굽는다.

	B. 크런치 프랄린		**C. 오렌지 초콜릿 크림**

5
1.5㎝ 두께로 자른 다음 사각 세르클 1호 (15㎝)로 찍어낸다.

1
볼에 녹인 밀크초콜릿, 부드러운 상태의 버터와 헤이즐넛 프랄린을 넣고 고루 섞은 다음 퓌양틴을 넣고 섞는다.

2
A(초콜릿 제누아즈) 위에 최대한 얇게 펴 바른다.

1
볼에 노른자와 설탕을 넣고 섞는다.

2
함께 끓인 우유와 생크림을 1에 조금씩 부어가며 섞는다.
노른자가 익지 않도록 끓인 크림의 온도를 80℃ 이하로 내려 사용한다.

3
2를 다시 냄비에 넣어 앙글레이즈한다.

4
냄비를 불에서 내려 찬물에 불린 젤라틴을 넣고 녹인다.

5
4를 체로 걸러내어 녹인 밀크초콜릿, 헤이즐넛 프랄린에 넣어 섞는다.

			D. 유자 망고 크림

6
스탠드믹서를 이용하여 유화시킨다.

7
오렌지 제스트를 넣고 다시 섞는다.

8
B(크런치 프랄린) 위에 7를 일정하게 펴 바르고 냉동실에 넣어 굳힌다.

1
볼에 노른자와 설탕을 넣고 잘 섞는다.

2
냄비에 유자 주스와 망고 퓌레를 넣고 가열한다.

3
2가 끓기 시작하면 1에 조금씩 나누어 넣고 섞는다.
노른자가 익지 않도록 끓인 2의 퓌레를 80℃ 이하로 내려 사용한다.

4
3을 다시 냄비에 담아 가열한다.
바닥을 긁을 때 2초 이상 바닥이 보이는 상태까지 저으며 가열한다.

5
찬물에 불린 젤라틴을 4에 넣고 녹인다.

6
체로 5를 걸러 식힌다.

7
6에 유자 리큐어를 넣고 고루 섞는다.

8
스탠드믹서에 7과 버터를 넣고 유화시킨다.

9
굳은 C(오렌지 초콜릿 크림) 위에 완성된 8을 1㎝ 높이로 일정하게 펴 바른다.

E. 캐러멜 초콜릿 무스

1
냄비에 설탕과 소금을 넣어 캐러멜화한다.

2
냄비에 데운 생크림A를 넣어 균일하게 섞는다.
완성된 캐러멜 소스는 80℃ 이하로 온도를 떨어뜨린다.

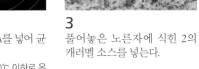

3
풀어놓은 노른자에 식힌 2의 캐러멜 소스를 넣는다.

4
3을 약불로 짧게 가열한다.

5
녹인 밀크, 다크초콜릿에 4를 넣고 고루 섞는다.

6
찬물에 불려 녹여둔 젤라틴을 5에 넣고 균일하게 섞는다.

7
스탠드믹서를 이용하여 유화시킨다.

8
생크림B를 80% 휘핑하고 일부를 7에 넣어 섞는다.

9
남은 생크림을 모두 넣어 고르게 섞는다.
마블이 남지 않을 때까지 섞되 거품이 죽지 않도록 유의한다.

10
굳힌 D(유자 망고 크림) 위에 9를 3㎝ 높이로 펴 바른다.

F. 다크초콜릿 글라사주

1
냄비에 물과 나파주를 넣고 가열한다

2
1이 끓기 시작하면 코코아 파우더와 설탕을 넣고 거품기로 잘 섞는다.

3
불에서 내려 함께 녹인 다크초콜릿과 코팅용 다크초콜릿을 넣고 섞는다.

4
찬물에 불린 젤라틴을 3에 넣고 골고루 섞는다.

5
체를 이용하여 볼에 거른 다음 식힌다.
30℃ 이하로 떨어지면 작업성이 떨어지므로 사용할 때는 30℃ 이상으로 올려 사용한다.

마무리

1
볼을 받친 식힘망 위에 굳은 완성된 무스를 올린 다음 F(다크초콜릿 글라사주)를 위에 붓는다.
편리한 작업을 위하여 실온보다 약간 높은 온도로 올려서 글라사주한다

• 시트러스 베리 무스

A. 라즈베리 젤리

2
스패튤러로 정리하여 완성한다.

1
냄비에 물, 설탕, 레몬즙, 라즈베리를 넣고 설탕이 녹을 때까지 약불로 가열한다.

2
체를 사용해 2의 라즈베리를 걸러낸 다음 찬물에 불린 젤라틴을 넣고 녹인 다음 식힌다.

B. 라즈베리 소스

1
냄비에 설탕과 라즈베리를 넣고 끓인다.

2
설탕이 녹으면 불에서 내리고 찬물에 불린 젤라틴을 넣는다.

3
볼에 옮겨 담아 식힌다.

C. 라임무스

1
냄비에 라임껍질, 우유, 설탕을 넣고 가열한다.

2
설탕이 녹을 때까지 가열한 다음 체로 거른다.

3
찬물에 불린 젤라틴을 넣고 녹인 다음 얼음물이 담긴 볼 위에서 식힌다.

4
라임즙과 레몬즙을 넣고 섞은 다음 70% 휘핑한 생크림을 넣고 잘 섞는다.

5
작게 5㎜로 깍둑썰기한 사과를 글라스에 담은 다음 무스로 글라스의 반을 채운다.

마무리

1
C(라임무스)를 냉장고에서 굳힌 다음 A(라즈베리 젤리)를 5㎜ 높이만큼 채우고 냉동실에서 20~25분 동안 굳힌 다음 B(라즈베리 소스)를 얹어 광택을 준다.

포레누아르

Forêt noire

재료

A. 초콜릿 크림

생크림	50g
우유	125g
노른자	40g
설탕	25g
판젤라틴	2g
다크초콜릿	25g

B. 바바루아

노른자	27g
연유	18g
우유	75g
판젤라틴	3g
생크림	115g

C. 초코 소르베

우유	200g
생크림	50g
설탕	40g
다크초콜릿	50g
다크초콜릿 72%	40g
사워크림	43g

D. 초코 튀일

우유	5g
설탕	15g
코코아 파우더	1g
물엿	5g
버터	11g
펙틴	0.5g

E. 에멀전

우유	200g
생크림	60g
설탕	10g
카카오닙	18g

* 크림 간의 섞임을 방지하기 위해 초콜릿 디스크와 초코볼 등을 준비한다.

A. 초콜릿 크림

1
냄비에 생크림과 우유를 함께 가열한다.

2
볼에 노른자와 설탕을 넣고 고루 섞는다.

3
2에 1을 조금씩 흘려 넣으며 섞는다.

4
냄비에 옮겨 담아 앙글레이즈 한다.

5
4를 체에 받쳐 걸러낸다.

6
5에 찬물에 불린 젤라틴을 넣고 녹인다.

7
녹인 다크초콜릿을 넣고 섞는다.

8
스탠드믹서로 옮겨 유화시킨다.

B. 바바루아

1
노른자와 연유를 함께 넣고 섞는다.

2
우유를 가열하여 1에 넣고 섞는다.
우유 온도는 80℃를 넘기지 않는다.

3
2를 냄비에 담아 앙글레이즈한다.

4
3을 체에 받쳐 볼에 거른다.

5
찬물에 불린 젤라틴을 4에 넣어 녹인 다음 식힌다.

6
생크림을 70-80% 휘핑해서 식힌 5에 반씩 나누어 섞어준다.

C. 초코 소르베

1
냄비에 우유, 생크림, 설탕을 넣어 끓기 직전까지 가열한다.

2
가열한 1을 녹인 다크초콜릿에 넣어 섞는다.

3
균일하게 섞이면 얼음물 볼을 받쳐 저어가며 식힌다.

4
온도가 내려가면 사워크림을 넣고 섞는다.

5
스탠드믹서로 유화시킨다.

6
아이스크림기계를 사용하여 소르베를 완성한다.
원하는 식감에 따라 기계 이용 시간을 조정한다.

D. 초코 튀일

1
냄비에 우유, 설탕, 코코아 파우더, 물엿, 버터, 펙틴을 함께 넣어 보글보글 끓을 때까지 가열한다.

2
테프론시트를 깐 철판에 얇게 펴고 180℃ 오븐에서 8분간 굽는다.

3
식기 전에 5㎝ 원형커터로 찍는다.

E. 에멀전

1
냄비에 우유, 생크림, 설탕을 넣고 가열하다가 끓기 직전에 불에서 내린 다음, 카카오닙을 넣고 뚜껑을 덮어 5분간 우린다.

2
스탠드믹서를 사용하여 카카오닙을 완전히 갈아준다.

마무리

1
컵에 A(초콜릿 크림)를 1/3가량 채운다.

2
초코볼로 윗면을 메워 경계면을 만든다.

3
짤주머니를 이용하여 B(바바루아)를 짜넣는다.

4
초콜릿 디스크로 B(바바루아)를 덮는다.

5
초콜릿 디스크 위에 E(에멀전)를 떠서 소복하게 담는다.

6
C(초코 소르베)를 한 스쿱 떠서 위에 올린다.

7
C(초코 소르베) 위에 D(초코 튀일)를 꽂는다.

블러디 파르페
Bloody parfait

2007 초콜릿 마스터즈 본선 디저트

재료

A. 콩피 후레즈

냉동 라즈베리	80g
설탕	80g
레몬	1/3개
바닐라빈	소량

B. 초콜릿 크림

생크림A	80g
설탕	10g
물엿	10g
다크초콜릿	38g
생크림B	120g

C. 아몬드 튀일

설탕	26g
펙틴	1g
버터	16g
물엿	8g
물	8g
아몬드 슬라이스	적량

D. 라즈베리 크림

라즈베리 퓌레	40g
설탕	4g

카카오버터	6g
판젤라틴	2g
라즈베리 리큐어	2g

E. 키르쉬 초콜릿

화이트초콜릿	96g
우유	40g
판젤라틴	2g
키르쉬 리큐어	4g
생크림	100g

F. 초콜릿 소스

우유	100g
생크림	50g
다크초콜릿	60g

* 깍둑썰기(5mm)한 제누아즈, 원통 초콜릿(다크초콜릿, 빨간색/은색 색소)

원통초콜릿 준비하기

1
OPP시트에 원하는 문양을 은색 색소로 에어브러싱한다.

2
은색 색소가 마르면 빨간 색소를 에어브러싱한 다음 은색으로 한 번 더 에어브러싱한다.

3
템퍼링한 다크초콜릿을 2mm 두께로 얇게 바른다.

4
초콜릿 시트의 피막이 살짝 형성되면 OPP시트로 감싼 밀대로 감는다.

A. 콩피 후레즈

1
냄비에 씨를 제거한 냉동 라즈베리, 설탕과 레몬, 바닐라 빈을 함께 담는다.

2
끓이기 전에 레몬의 즙을 짜낸다.

3
눌러 붙지 않도록 나무주걱으로 계속 저으며 살짝 윤기가 날 때까지 가열한다.

4
바닐라빈을 냄비에서 꺼내고 볼에서 식힌다.

B. 초콜릿 크림

1
냄비에 생크림A, 설탕, 물엿을 넣고 가열한다.

2
녹인 다크초콜릿에 1을 2-3번 나누어 넣으며 유화시킨다.

3
볼을 얼음물 위에 띄워 식힌다.

4
크림이 식으면 80% 휘핑한 생크림B를 반씩 나눠 넣고 섞는다.

C. 아몬드 튀일

1
냄비에 설탕, 펙틴, 버터, 물엿, 물을 넣고 가열한다.

2
끓기 시작하면 아몬드 슬라이스를 적당량 넣고 섞는다.

3
아몬드 슬라이스가 골고루 코팅되면 테프론시트에 펼쳐서 180℃ 오븐에서 8분간 굽는다.

D. 라즈베리 크림

1
라즈베리 퓌레, 설탕, 카카오버터를 함께 넣고 설탕이 녹을 때까지 가열한다.

2
버터가 녹으면 찬물에 불린 젤라틴을 넣고 녹인다.

3
라즈베리 리큐어를 넣고 고루 섞는다.

4
그릇에 옮겨 담아 식힌다.

E. 키르쉬 초콜릿

1
녹인 화이트초콜릿에 데운 우유를 붓고 확실히 섞는다.

2

1에 찬물에 불린 젤라틴을 넣고 녹인다.

3

2에 키르쉬 리큐어를 넣고 섞는다.

4

3을 블렌더에 넣고 유화시킨다.

5

80% 휘핑한 생크림을 4에 2-3번 나눠 넣고 섞는다.

F. 초콜릿 소스

1

우유와 생크림을 넣고 가열한다.

2

녹인 다크초콜릿에 1을 조금씩 나누어 부어 섞는다.

3

스탠드믹서를 이용하여 유화시킨다.

4

그릇에 담아 한 번 더 섞는다.

마무리

1

초콜릿 원통에 제누아즈 조각을 넣고 라즈베리 크림, 초콜릿 크림, 키르쉬 초콜릿, 콩피 후레즈, 초콜릿 크림 순으로 담는다.

2

아몬드 튀일을 올려 장식한 다음 초콜릿 소스를 따로 담아 낸다.

화이트 모카 초콜릿
White mocha chocolate

재료

우유	340g
바닐라빈	1개
화이트초콜릿	85g
에스프레소	28g

1
냄비에 우유와 바닐라빈을 넣고 가열한 다음 화이트초콜릿에 조금씩 넣어가며 섞는다.

2
핸드블렌더를 이용하여 2를 완전히 유화시킨다.

3
2와 한 컵 분량의 얼음을 넣고 블렌더에 간다.

4
에스프레소를 내려 함께 내놓는다.

차이 티
Chai tea

재료

물	225g
차이 티	9g
우유	225g
밀크초콜릿	56g
시나몬 파우더	적당량

1
끓인 물에 차이 티를 넣고 5분 정도 우리고 티백을 제거한다.

2
뜨거운 우유에 1을 넣고 고루 섞는다.

3
2에 작게 조각 낸 밀크초콜릿을 넣고 녹인다.

4
핸드블렌더를 사용하여 완전히 섞어 컵에 담은 다음 시나몬 파우더를 흩뿌린다.

캐러멜 드링크
Caramel drink

재료

캐러멜 베이스	56g
밀크초콜릿	56g
우유	320g
다진 초콜릿	적당량

* 캐러멜 베이스 = 설탕 117g + 물 34g

1
냄비에 설탕과 물을 넣고 가열
하여 캐러멜화한다.

2
녹인 밀크초콜릿에 데운 우유
를 넣고 섞는다.

3
2에 1을 넣고 섞는다.

4
핸드블렌더로 3을 완전히 갈아
유화시킨다.

chapter 06

Showpiece
쇼피스

블러썸

터치 아프리카

폴링 인 러브

오리엔탈 포레스트

블러썸
Blossom

A. 기둥(받침, 장식용)

1
OPP시트를 깐 15×15㎝ 세르클에 템퍼링한 다크초콜릿을 2㎝ 높이만큼 채워 바닥을 만들어 굳힌 다음 세르클에서 분리한다.

2
반구형(지름10㎝ 1개, 4㎝ 6개) 몰드에 템퍼링한 다크초콜릿을 채우고 굳힌 다음 몰드에서 분리한다.

3
메인기둥 실리콘 몰드에 템퍼링한 다크초콜릿을 채우고 굳힌 다음 몰드에서 분리한다.

4
장식용 기둥 실리콘 몰드에 템퍼링한 다크초콜릿을 채우고 굳힌 다음 몰드에서 분리한다.

5
1의 사각 받침을 바닥에 깔고 2의 반구(지름 10㎝)를 붙인 다음 3,4의 기둥을 균형 있게 붙여 고정한다.

B. 꽃 : B1 꽃잎

1
OPP시트 위에 템퍼링한 다크초콜릿을 짠 뒤 스페튤러로 뒤로 당기듯 빼내어 꽃잎을 만든다.
초콜릿 장식물 꽃잎 참조

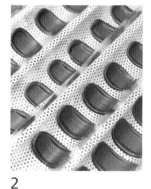

2
꽃잎이 자연스러운 굴곡을 가지도록 초콜릿이 굳기 전에 바게트 틀 위에 얹고 굳힌다.

B. 꽃 : B2 꽃잎

1
식칼을 이용해서 1과 같은 방법으로 좀 더 얇은 꽃잎을 만든다

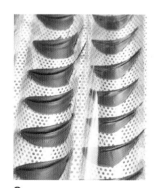

2
꽃잎이 자연스러운 굴곡을 가지도록 초콜릿이 굳기 전에 바게트 틀 위에 얹고 굳힌다.

B. 꽃 : B3 꽃잎

1
짤주머니를 이용하여 OPP시트 위에 템퍼링한 다크초콜릿을 긴 물방울 모양으로 짠다.

2
곧바로 OPP시트를 수직으로 세워 초콜릿을 길게 흘러내린다.

3
꽃잎이 자연스러운 굴곡을 가지도록 초콜릿이 굳기 전에 바게트 틀 위에 얹고 굳힌다.

1
A-2의 두 반구(지름 4cm)의 테두리를 인덕션으로 살짝 녹인 다음 접착시켜 구를 만든다.

2
구를 스탠드에 올려 고정시킨 다음, B1의 꽃잎이 위를 향하도록 붙인다. 밑부분은 꽃잎이 아래를 향하도록 붙인다.

3
또 다른 구에 B2의 꽃잎을 나선형으로 배치하여 붙인다. 꽃잎의 끝부분에 템퍼링한 초콜릿을 묻혀 구에 붙인 다음 냉각제를 뿌려 굳힌다.

4
또 다른 구에 B3의 꽃잎을 얇은 쪽이 위를 향하도록 하여 풍성하게 붙인다.

5
모든 꽃을 흰색 색소로 피스톨레한다.

6
B1의 꽃에 붉은색 초콜릿 색소를 피스톨레하여 덧씌운다.

7
B2의 꽃에 녹색 초콜릿 색소를 피스톨레하여 덧씌운다.

8
B3의 꽃에 노란색, 붉은색 순으로 초콜릿 색소를 피스톨레하여 그라데이션을 만든다.

1
토치로 달군 계량스푼으로 메인 기둥의 끝부분을 녹여 홈을 만든다.

2
1에서 만든 홈에 B1의 꽃을 붙인다.

3
장식용 기둥의 아래 끝부분에 B2의 꽃을, 바닥에 B3의 꽃을 붙인다.

터치 아프리카
Touch africa

1
정사각 세르클(18*18㎝)에 템퍼링한 다크초콜릿을 2㎝ 높이만큼 채우고 굳힌 다음 세르클에서 분리한다.

2
OPP시트 위에 기둥 모양으로 재단한 아크릴을 붙여 기둥 몰드를 만든다.

3
2의 몰드 가장자리를 초콜릿으로 둘러 굳힌 다음, 몰드에 템퍼링한 다크초콜릿을 4㎝ 높이만큼 채우고 굳힌다.

4
초콜릿이 굳으면 틀을 제거하고 붓으로 적갈색 초콜릿 색소를 발라 기둥의 질감을 표현한다.
적갈색 색소는 갈색과 빨간색 색소를 섞어 만든다.

B. 여인 조각상

1
여인 조각상을 이용하여 만든 실리콘 몰드에 템퍼링한 다크초콜릿을 채워 넣고 굳힌다.

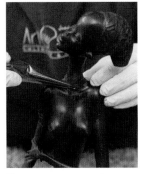

2
초콜릿이 굳으면 몰드에서 분리해 갈라진 부분을 템퍼링한 초콜릿으로 접합하여 완성한다.

C. 나뭇잎

1
나뭇잎 몰드에 템퍼링한 다크초콜릿을 바르고 굳힌 다음 떼어낸다.

2
떼어낸 초콜릿 나뭇잎에 흰색 초콜릿 색소를 피스톨레한다.

D. 곡선

3
흰색 색소가 마르면 붉은색, 녹색 초콜릿 색소를 각 잎에 피스톨레하여 덧칠한다.

1
초콜릿 커버추어를 잘게 쪼개 스탠드믹서로 분쇄하여 찰흙 같은 상태로 만든다.
믹스기법 : 커버추어 분쇄 과정에서 나오는 카카오버터로 인해 찰흙 같은 상태가 만들어진다.

2
초콜릿 반죽을 대리석에서 밀어 길게 늘어뜨린다.

3
원하는 모양으로 라인을 잡고 그대로 굳힌다.

조합 및 마무리

1
A의 받침에 기둥을 붙여 고정한다. 면끼리 부착할 때는 접착면에 칼이나 조각도를 이용하여 스크래치를 낸 다음 초콜릿으로 고정하면 훨씬 더 단단하게 고정된다.

2
A의 다른 기둥을 비스듬하게 맞물려 붙이고 고정한다.
기둥이 무거워 잘 붙지 않을 수 있으므로 많은 양의 템퍼링한 다크초콜릿을 발라 견고하게 고정한다.

3
만들어둔 D의 곡선을 이용하여 기둥에 붙여 고정시킨다.

4
C의 나뭇잎을 기둥 군데군데 균형미 있게 붙인다.

5
B의 초콜릿 여인 조각에 검은색 초콜릿 색소를 전체적으로 피스톨레한다.

6
초콜릿 여인 조각 치마에 붉은색과 금색 초콜릿 색소를 피스톨레하고, 기둥 앞쪽에 배치한다.

폴링 인 러브
Falling in love

A. 기본 (바닥, 지지대, 기둥)

1
원형 세르클(지름 15cm)에 1cm 높이만큼 템퍼링한 다크초콜릿을 채우고 굳혀 세르클에서 분리한다.

2
반구 몰드(지름 9cm)에 템퍼링한 다크초콜릿을 채우고 굳혀서 몰드에서 분리한다.

3
하트모양 몰드에 템퍼링한 다크초콜릿을 채워 넣고 굳힌 다음 몰드에서 분리한다.

4
기둥 실리콘 몰드에 템퍼링한 다크초콜릿을 채워 넣고 굳힌 다음 몰드에서 분리한다.

B. 잎사귀

1
실리콘 잎사귀 몰드를 템퍼링한 다크초콜릿에 담가 충분히 초콜릿을 묻힌 다음 꺼낸다.

2
잎사귀가 자연스러운 굴곡을 가지도록 초콜릿이 굳기 전에 굴곡이 있는 틀에 고정시켜 굳힌다.

3
잎사귀가 굳으면 흰색 초콜릿 색소로 피스톨레 밑작업을 한다.

4
노란색 초콜릿 색소를 피스톨레하여 덧씌운다.

5
녹색 초콜릿 색소를 피스톨레하여 그라데이션을 만든다.

6
붓을 이용하여 잎에 금분을 바른다.

C. 꽃잎

1
OPP시트 위에 템퍼링한 화이트 초콜릿을 적당량 짠다.

2
실리콘 페뉴를 이용하여 편다.

3
초콜릿이 굳기 전에 바게트 틀
위에 올려 모양을 잡는다.

4
굳힌 잎을 화이트초콜릿으로
만든 원구에 겹겹이 붙인다.

D. 알파벳, 곡선

1
알파벳 몰드에 템퍼링한 다크초
콜릿을 채운다(알파벳 LOVE).

2
굳으면 몰드에서 빼내어 금분을
바른다.

3
끝을 막은 호스에 템퍼링한 다
크초콜릿을 채워 넣고 굳힌다.

4
호스를 커터칼로 조심스럽게
갈라내어 굳은 초콜릿을 꺼내
고 끝을 뾰족하게 다듬는다.

E. 하트

1
물과 설탕이 끓으면 찬물에 불
린 젤라틴을 넣고 녹인 다음 약
불로 3분간 더 가열한다.
몰딩 젤라틴 : 물 60g, 설탕 95g, 판젤
라틴 45g

2
작은 하트모양 몰드에 채워 넣
고 굳힌다.

3
굳은 젤라틴 하트를 빼내어 큰 하
트모양 몰드에 넣고 밀착시킨다.

4
하얀색 초콜릿 색소를 손가락
으로 튀긴다.

5
붉은색 초콜릿 색소를 피스톨
레한다.
젤라틴이 움직이지 않도록 조심한다

6
몰드에 젤라틴 하트를 넣은 채
로 템퍼링한 화이트초콜릿을
채워 넣는다.

7
몰드를 수평으로 뒤집어 초콜
릿을 쏟아낸 다음 몰드 테두리
를 정리하고 굳힌다

8
초콜릿 피막이 완전히 굳으면
몰드에서 빼내고 젤라틴 하트
를 제거한다.

1
받침대 위에 A-2의 반구를 붙
인 다음 E의 하트와 A-4의 기
둥을 올려 고정한다.

2
D의 곡선을 기둥 뒤에 균형미
있게 고정한다.

3
기둥 끝부분에 B의 잎사귀와 C
의 꽃을 붙인다.

4
하트 아래 기둥에 글자를 붙여
마무리한다.

오리엔탈 포레스트
Oriental forest

A. 받침

1
원형 세르클 세 개(각 지름 8,
11, 13cm)에 1cm높이만큼 템퍼
링한 다크초콜릿을 채워 굳힌
다음 분리한다.

B. 알

1
알 몰드(높이 20cm)에 템퍼링한
다크초콜릿을 채운다.

2
몰드를 수평으로 뒤집어 초콜
릿을 쏟아낸 다음 몰드 테두리
를 정리하고 굳힌다.

3
초콜릿 알을 몰드에서 분리한
다음 인덕션으로 테두리를 살
짝 녹여 붙인다.

C. 대나무

1
OHP시트에 대나무 마디 모양
의 도안을 그리고 윤곽을 따라
가위로 오린다.

2
OHP시트를 동그랗게 말아 테
잎으로 고정시킨 다음 템퍼링한
화이트초콜릿을 채워 원통 기
둥을 만든다.

3
2의 화이트초콜릿이 완전히 굳
으면 커터칼을 이용해 OHP시
트를 제거한다.

4
3에 대나무 마디 위치를 정하
고 템퍼링한 화이트초콜릿으로
얇게 짜 두른다.

5
1의 대나무 마디 모양 OHP시트
로 4의 화이트초콜릿을 밀어내
며 대나무 마디 모양을 만든다.

6
마디를 손으로 자연스럽게 펴
서 섬세하게 표현한다.

7
6의 대나무에 붓을 이용해 노
란색 초콜릿 색소를 바른다.

8
노란 색소가 마르면 연두색, 녹
색 순서로 초콜릿 색소를 덧칠
한다.

D. 꽃

1
미니 L자 스패튤러에 템퍼링한 화이트초콜릿을 발라 OPP시트에 기다란 꽃잎을 그린다.

2
꽃잎이 자연스러운 굴곡을 가지도록 초콜릿이 굳기 전에 반으로 자른 PVC관에 올려 굳힌 다음 떼어낸다.

3
반구형 몰드에 템퍼링한 화이트초콜릿을 붓는다.

4
화이트초콜릿을 쏟아내고 완전히 굳힌다.

5
화이트초콜릿을 몰드에서 빼내어 인덕션으로 테두리를 살짝 녹이고 접착시켜 구를 만든다.

6
한 개를 제외한 초콜릿 구에 금분을 바른다.

7
2에서 만든 긴 꽃잎을 5의 금분을 바르지 않은 초콜릿 구에 세워 붙여 꽃을 만든다.

E. 곡선

1
스탠드믹서를 이용해 초콜릿을 분쇄하여 찰흙 같은 상태를 만든다.

2
초콜릿 반죽을 대리석 위에 밀어 길게 늘어뜨린다.

3
원하는 모양으로 라인을 잡고 그대로 굳힌다.

조합 및 마무리

1
인덕션을 이용하여 A의 받침들을 크기 순서대로 쌓아 고정한 다음 B의 알을 올려 고정시킨다.

2
금속 막대를 가열하여 대나무를 올릴 자리를 녹인다.

3
템퍼링한 다크초콜릿을 이용하여 C의 대나무를 붙인다.

4
대나무 위의 꽃을 붙일 자리에 토치로 달군 스푼을 올려 녹인다.

5
D의 꽃을 붙이고 냉각제를 이용하여 고정한다.

6
E의 곡선을 꽃 뒤편에 붙인다.

7
D-6의 금분을 바른 초콜릿 구를 작품 군데군데 배치한다.

8
금박을 초콜릿 곡선에 묻힌다.

이론에서 공정까지 한 권으로 끝내는 초콜릿 교과서

초콜릿 마스터클래스
Chocolate Masterclass

저자	정영택·윤희령
발행인	장상원
편집인	이명원

초판 1쇄	2014년 1월 10일
5쇄	2022년 10월 7일

발행처	(주)비앤씨월드 출판등록 1994. 1. 21. 제16-818호
	주소 서울특별시 강남구 선릉로 132길 3-6 서원빌딩 3층
	전화 (02)547-5233 / 팩스 (02)549-5235

진행	출판부
사진	이재희
디자인	박갑경

인쇄	신화프린팅

ISBN	978-89-88274-91-0 93590

http://www.bncworld.co.kr